城市景观之路

——与市长们交流

俞孔坚　李迪华

中国建筑工业出版社

魂兮歸來

魂兮归来

在我的家乡，

当孩童生病发烧时，

母亲会走到村口，

将茶叶和大米撒向路面，

呼号：魂兮归来！

当孩童不幸夭亡时，

族人会弃尸于童坟，

碑曰：魂兮归来！

然而，亡逝的灵魂啊，

你将被指向何处？

是希腊和罗马的废墟，

还是养育你的家园？

国家自然科学基金资助项目：
①“经济快速增长地区城乡规划中的生态安全格局理论与案例”（第59778010号）
②“可持续城市水系绿色廊道设计的景观生态学途径”（第39870147号）

国家教委博士点基金资助项目：
“网络时代中国城市空间格局研究”

本书概要

本书强调城市景观设计和建设绝不应是表面的化妆和美化，而是在协调人与自然，人与人的关系，是在创造人类审美的而又是现实的生活场所、安全而健康的生态系统、富有意味的物质与精神空间，即天地－人－神和谐的人居环境。

本书分上、中、下三篇，上中两篇在社会发展历史与国际视野里，以国际城市景观建设，特别是一个世纪前的美国城市美化运动的教训为鉴，直言目前盛行于大江南北的“城市化妆运动”乃是城市景观建设之误区，是在重蹈西方城市建设之覆辙，是封建君主意识、暴发户意识与小农意识的综合症，有必要唤起全社会，特别是城市建设决策者们的注意。

不破则不立，破是为了立。在下篇中，作者倡导城市景观建设应尊重自然、尊重人和尊重地方精神。首先，从战略高度为城市建设决策者指出了一条通向未来的光明之路，即进行城市生态基础设施建设。它如同城市的市政基础设施建设一样，是城市可持续发展的保障，而要建立这样的生态基础设施，必须有“反规划”的思想意识和长远的战略眼光。

面对在急速城市化时代里迷途的城市景观幼儿，本书呼唤其灵魂的回归、自然的回归、人性的回归和地方精神的回归。

各篇章概要

上篇　前车之鉴：国际城市美化运动

从欧洲文艺复兴时期的理想城市开始，到19世纪末和20世纪上半叶的巴洛克城市，城市景观相继成为君主专制、帝国主义和资本主义暴发户炫耀的工具。特别是从1893年美国芝加哥的世博会开始，以城市中心地带的几何设计和唯美主义为特征的城市美化运动席卷全美，留下了沉痛的教训。所幸的是这种思潮在1909年的首届全美城市规划大会上，及时得到了批评和抵制。城市美化运动很快被科学的城市规划思潮所替代。然而，城市美化运动产生的影响久散不去，在过去一百多年的时间里继续泛滥于世界各地。时下，中国大地上的"城市化妆运动"却又在重蹈历史覆辙。本篇系统地分析了国际城市美化的历史渊源，产生的历史背景及原因，其在各个时期及不同国家的表现以及问题和教训。

中篇　中国城市景观歧途：暴发户与小农意识下的"城市化妆运动"

20世纪末90年代初开始，出现于中国的城市美化运动在许多方面都与一百年前发生在美国以及随后发生在其他国家的城市美化运动，有着惊人的相似之处，尽管在社会制度上有很大的不同，但其产生的社会经济背景、行为与症结都如出一辙。这就警示我们应该以历史为鉴，避免重蹈覆辙。本章进而揭示中国现今“城市化妆运动”的本质问题，这是封建专制意识、暴发户意识与小农意识的综合反映，期望唤起国人的注意，同时也唤起参与中国城市规划和设计的国际同行的注意，特别是希望唤起城市规划建设决策者的注意。

下篇　城市景观之路——“反规划”与生态基础设施建设

目前，中国城市化与城市扩张呈燎原之势，传统城市扩张模式和规划编制方法已显诸多弊端，城市扩展前景和生态安全忧患期待具有战略眼光的城市决策者。如同市政基础设施，城市的生态基础设施是城市及其居民持续获得自然生态服务的保障。面对中国未来巨大的城市化前景，前瞻性的城市生态基础设施建设具有非常重要的战略意义。为此，本章提出了“反规划”概念，即城市规划和设计应该首先从规划和设计非建设用地入手，而非传统的建设用地规划。“反规划”就是规划和设计城市生态基础设施，并提出城市生态基础设施建设的十一大景观战略，包括(1)维护和强化整体山水格局的连续性(2)保护和建立多样化的乡土生境系统；(3)维护和恢复河流和海岸的自然形态；(4)保护和恢复湿地系统；(5)将城郊防护林体系与城市绿地系统相结合；(6)建立非机动车绿色通道；（7）建立绿色文化遗产廊道；（8）开放专用绿地；（9）溶解公园，使其成为城市的生命基质；（10）溶解城市，保护和利用高产农田作为城市的有机组成部分；（11）建立乡土植物苗圃基地。通过这些景观战略，建立大地绿脉，成为城市可持续发展的生态基础设施。

序　　言

城市形象问题成为热门话题至今已有好几年了，这可能是由于长期以来，城市建设和建筑设计工作一直贯彻“实用、经济、在可能条件下注意美观”的方针，注重城市形象美不够的一种“反弹”。本来随着市场经济、对外开放和城市经济水平的提高，讲究一点形象，把城市建得美一点是无可非议的。而且，有关建筑形式与内容的关系问题本是专业方面的老问题，有过大量的研究和实践，虽然尚有美学理论方面的问题仍需进一步研究，但事实上既没有否定美观，也没有认为美观可以脱离实用、经济的观念问题（至少在专业内部、在主导方面是如此）。但是，讲究城市形象的呼声越来越高，从要求树立纯粹标志性建筑物，到要“包装”整个城市，所谓打造“城市名片”、树立“城市品牌”等等，甚至有的旧城市，旧区一时拆不了，也要筹巨资，请外国专家，想把×平方公里的密集街区都包装一番。这就把对城市形象的要求推到了极端的境地。相信上述事例是个别现象，但普遍重视城市形象，像本书指出的那样搞“美化运动”、“化妆运动”，确实并不只是个别的城市。显然，在我国当前还并不十分富裕的情况下，在城市中普遍地大拆大建，超出了国家的经济实力，搞那些只顾外表，不管实用的形式主义的做法，既不是经济建设的方向，也不是文化建设的方向，而且，造成巨大的浪费，毒害社会风气，不符合人民群众的真正利益。人们不得不注意警惕在城市建设中专注形象的不良倾向。

有意思的是，不少形式主义倾向的始作俑者不是专业技术人员，也不是老百姓，而往往是一些有决策权的领导人。本书作者切实地分析了造成这一现象的社会原因，特别是中国特有的社会影响，赋予决策者特有的权力，只有决策者的认识，才能决定所谓的形象工程，才能调动人马，实现形象工程。这里首先是一个认识问题，要解决这一问题，就必须提高认识，要向他们讲更多的道理，做更多的工作。作者以“与市长们交流”作为副标题，是很中肯的。

本书作者还从历史的角度审视了许多因素，提出了总结经验教训，免蹈前人覆辙的重要观点。历史的经验值得总结，早期国外的城市美化运动，对改善城市环境起过一些积极作用，其动因和结果比现在我们出现的问题要单纯得多，但美化运动推行了不久，形式主义的倾向终于被后来的现代科学的理念所冲破，不几年古典主义的规划就逐渐让位于科学规划的思想。我相信中国的情况也一定会改变，何况我们现在的财力尚不富裕，许多事是借了钱办起来的，借钱去大做表面文章，是长久不了的。

还应该指出，本书作者从理论高度，进行了多方面的剖析，说明了景观和实体、形式和功能的辩证关系。在一个偌大的城市中， 不可能搞什么没有实用价值的“形式”和形象。这是城市和单项工程所不同的一个地方。作为综合性的城市建设，任何一种主导思想，其影响和结果往往是巨大而深远的，决策者对此不得不谨慎从事。科学决策、民主决策的问题就十分重要。作者把书名归结为“景观之路”，也是具有深意的。

书中有一处有“反规划”的提法，原意是针对规划手法上，有时侧重于实体的布局，因而强调要先从留出空地入手，保证留下必要的空间，这是有道理的。其实，许多规划设计人员在空间规划设计原则中还是注意到“先留白”的“虚实结合”的重要性，讲究“开敞空间”(Open Space)就是重要一条。在不少高密度开发中，更要注意这一问题。用“反规划”提法容易被误解为反规划之道而行之，好像为倒孩子的洗澡水把孩子一起倒了一样。

本书是当前研究城市形象问题中一本具有深度的、切中时弊的创作。它不仅是一部优秀的学术著作，而且是应当推荐给从事规划工作者和有关领导者一读的好书。

中国科学院院士
中国工程院院士 周干峙

2002 年 12 月 14 日

目 录

自序 -1

人类最伟大的创造，莫过于城市……一个几万甚至上千万人的社区，为了共同的和不同的目的，他们生活在一起，他们有时互助互爱，有时忌妒有加，憎恨之极，以至于你死我活；有时为了交流，他们修驰道、掘运河；有时却为了隔离，垒城墙、设陷井。同样，爱与恨也表现在人们对自然及其他生命的态度上：恨之切切，人们可以把兽与水视为共同的敌人，因此筑高堤、藩篱以拒之；爱之殷殷，人们又不惜工本挖湖堆山，引虎狼草木入城。人类所有这些复杂的人性和需求被刻写在大地上，刻写在某块被称为城市的地方，便成为城市景观。

因此，城市景观是人类生活的家园，它是人类社会意识形态的反映，有什么样的价值观、道德观及审美观，便有什么样的城市景观。以神权为价值取向，便有了欧洲中世纪以教堂为中心的城市景观；以君主和帝王的权力为价值取向，便有了中国封建都城和欧洲巴洛克的城市景观，于是热衷于纪念性轴线和展示性广场；以金钱为价值取向，则有了金玉堆砌的琉璃瓦、汉白玉和罗马柱廊；以庄稼为价值趋向的农业时代，人们自然会痛恨乡土杂草，而酷爱奇花异卉，于是有了铺张的模纹花坛和精于雕琢的园林绿地；以机器和工业为美的时代，人们热衷于用水泥和钢铁改造一切自然的过程和形态，并相信机器的高效和快捷，最终使城市景观变成了由管道组成的机器。而本书所倡导的价值取向是人本身，更确切地说是每个普通的城市居民。用他们的日常工作、生活、休闲和娱乐的需求来衡量、评价和缔造城市景观，而尤其强调不久的将来的城市居民的需求。因此，这样的城市景观是战略性的，而绝不是眼前的、投其所好的。它是从发展的角度来讨论的，因而，需要用同样发展的眼光来理解。

江泽民总书记在庆祝中国共产党成立八十周年大会上提出“要促进人和自然的协调与和谐，使人们在优美的生态环境中工作和生活”。中国过去的经验告诉我们，我们的祖辈们曾经有过在优美的生态环境中过着诗一般生活的时代。无论是文艺作品、历史记载还是遗存的古迹都让现代备受污染与拥挤之苦的城里人羡慕不已。而许多现代欧洲城市也向我们展示了现代生活方式不是与优美的生态环境无缘的，哪怕是在那些最现代化的城市中，人们仍然可以在非常绿色与生态的环境中过着健康而舒适的生活（Beatley，2000 年）。所以，通向未来中国的城市景观之路既有我们可以回味的过去，也有指向未来的路标，更有国家最高统帅所倡导的美景，需要我们特别关注的是脚下的路，而这正是每一位市长所应该担当的责任。本书的目的正是为了帮助市长们辨析正确的城市景观之路。

为此目的，本书遵循了两个信条：一个是“前车之覆，后车之鉴”；另一个是“不破不立”，以此来导引一条健康、安全、生机勃勃的真正优美的城市景观之路。

欧美几个世纪以来的城市美化的教训是中国城市景观之路最好的前车之鉴。20世纪80年代之后，我国的旅行团、教科书、各种媒体的介绍，似乎都在竭力纠正在此之前的中国人对西方社会的认识。城市景观也是如此，赞美与模仿无所不在，而对其教训和失败的认识却远远不足，这使得中国城市景观建设屡蹈覆辙。本书则希望通过对西方城市景观史上教训的回顾，告诫处于城建狂热状态的中国城市建设者们，特别是市长们，冷静下来，认真思考，从过去西方国家的教训中获得智慧。

作者所“破”的是那些与本书所倡导的价值取向相违背的城市景观行为，特别是在封建帝王意识、小农意识和暴发户意识下的城市美化运动。在过去近五年的时间里，作者遍走大江南北一百多个城市，所见所闻，令人痛心不已、焦虑万分：多么美丽的山林，却被无知地“三通一平”；多么动人的河流，却被残忍地裁弯取直，变成钢筋水泥渠道。我曾看到，在那恢弘气派的广场和景观大道背后仅几步之遥，却是弥漫着恶臭的、拥挤的街巷和垃圾场；我更看到千顷粮田昼夜间被划为“开发区”或城市建设用地，而后却被撂荒或做成无人光顾的硬地广场；我也曾与多位市长交流，感觉到他们是如何迫切地想通过城市景观来建立政绩，而同时，又发现他们中的一些是如何在一种盲目和错误的理念指导下进行城市建设。所有这些，都使作者感到有必要尽快将正确的城市景观理念传播给城市建设的决策者们，以避免更大的失误。

所谓“立”就是倡导用更长远的眼光和更平实的态度来为城市的每

一位居民建设一种天地－人－神（指地方精神）和谐的城市景观：即，城市规划和设计要尊重自然、尊重普通人、尊重地方精神。作为实现这样一个健康和谐、可持续的城市的关键是改变城市规划和建设的思路，特别提出“反规划”的思想，即从目前的开发建设指向的规划方法论转向“不建设”优先的规划方法论，建立一个城市生态基础设施。如同城市的市政基础设施保障城市的持续发展一样，城市的生态基础设施保障自然系统的生态服务功能的持续和健康，并为此提出了城市生态基础建设的十一大战略。

就在本书即将完稿之时，两件事情的发生都增强了作者对本书可能被社会接受的信心。

第一件事是国务院发出了关于加强城乡规划监督管理的通知（国发[2002]13号文件）和随后的九部委联合发出的关于贯彻国务院通知精神的文件。国务院通知中明确指出，“近年来，在城市规划和建设发展中出现了一些不容忽视的问题，一些地方不顾地方经济发展水平和实际需要，盲目扩大城市建设规模，在城市建设中互相攀比，急功近利，贪大求洋，搞脱离实际、劳民伤财的所谓‘形象工程’，‘政绩工程’”。提出“要发挥规划对资源，特别是水资源、土地资源的配置作用，注意对环境和生态的保护”。这可谓是建国以来对纠正城市贪大浮夸和盲目建设的最严厉和最下决心的一次，也是最及时的一次。从这个意义上来说，本书可作为进一步理解国务院通知精神的一个脚注。

第二件事是第五届国际生态城市会议在深圳召开，会上通过了《生态城市建设的深圳宣言》（2002年8月23日，中国深圳），提出建设适宜于人类生活的生态城市，首先必须运用生态学原理，全面系统地理解城市环境、经济、政治、社会和文化间复杂的相互作用关系，运用生态工程技术，设计城市、乡镇和村庄，以促进居民身心健康、提高生活质量、保护其赖以生存的生态系统。提出建设生态城市包含以下五个层面：生态安全，生态卫生，生态产业代谢，生态景观整合和生态意识培养。同时“深圳宣言”提出，为推动城市生态建设必须采取以下行动：

■ 通过合理的生态手段，为城市人口，特别是贫困人口提供安全的人居环境、安全的水源和有保障的土地使用权，以改善居民生活质量和保障人体健康。

■ 城市规划应以人而不是以车为本。扭转城市土地“摊大饼”式蔓延的趋势。通过区域城乡生态规划等各种有效措施使耕地流失最小化。

■ 确定生态敏感地区和区域生命支持系统的承载能力，并明确应开展生态恢复的自然和农业地区。

■ 在城市设计中大力倡导节能、使用可更新能源、提高资源利用效率以及物质的循环再生。

■ 将城市建成以安全步行和非机动交通为主的，并具有高效，便捷和低成本的公共交通体系的生态城市。中止对汽车的补贴，增加对汽车燃料使用和私人汽车的税收，并将其收入用于生态城市建设项目和公共交通。

■ 为企业的生态城市建设和旧城的生态改造项目提供强有力的经济激励手段。向违背生态城市建设原则的活动，如排放温室气体和其他污染物的行为征税；制定和强化有关优惠政策，以鼓励对生态城市建设的投资。

■ 为优化环境和生态恢复制定切实可行的教育和再培训计划，加强生态城市的能力建设，开发生态适用型的地方性技术，鼓励社区群众积极参与生态城市设计、管理和生态恢复工作，增强生态意识、扶持社区生态城市建设的示范项目。

本书所倡导的“天地－人－神”和谐的城市景观之路、“反规划”的思想和城市生态基础设施建设的战略，正是一条通往生态城市之路。

本书的大部分内容是根据作者在多届全国市长培训班和多个国际会议以及全国多个城市的学术报告基础上整理完成的。同时，感谢北京大学景观规划设计中心的老师、研究生积极参与城市生态基础设施的研究，从而丰富了本书的内容，他们是李迪华、孙鹏、王志芳、黄国平、刘玉杰、刘东云、周年兴、潮洛蒙、韩西丽、孟亚凡、李小凌、张蕾、黄刚、高毅坚。除注明外，书中所有照片都是由俞孔坚拍摄的。应该特别给予感谢的是：本书在资料收集和研究过程中得到国家自然科学基金“经济快速增长地区城乡规划中的生态安全格局理论与案例”(第59778010号)和“可持续城市水系绿色廊道设计的景观生态学途径”(第39870147号)，以及国家教委博士点基金“网络时代中国城市空间格局研究”的资助。

这里需要声明的是，本书所用的照片和例子来自许多城市过去五年来的状况，具有广泛的代表性。凡带有批评性的言论决不是针对某个城市或某些个人的。事实上，书中所提及的城市往往是在国内的城市建设中走在其他城市前列的，在许多方面是其他城市学习的榜样（如大连、深圳、青岛等）。之所以仍然用批评的眼光来看待它们，正是因为它们的先进性和作为榜样和典型的意义，使后来的城市建设者能更理智地、用分析的眼光来对待它们的建设成就，而不是盲目地照搬。作者尤其希望所提到的某些城市的市长们能理解我们的善意。事实上这些城市的市长中有许多都与作者有过促膝交流的友谊，并有着把城市家园建设得更加美好的共同愿望。果能如此，则城市景观之路不愁其不光明。

北京大学景观设计学研究院
北京土人景观规划设计研究所
俞孔坚
2002年国庆于北京中关村上地

自序-2　哭泣的母亲河*

南方的河，北方的河，都是我的母亲河，可是她们都在哭泣。

我那残酷的儿女们啊，为什么要用道道高坝拦截我流动而连续的身体，将我肢解，令我断流？你可知，流动是我的天性，连续是我的生命。从雪山高原，到林莽峡谷；从平原阡陌，到湖沼海滩，我将氧气、矿物营养分配给千万生灵。因为我的流动和连续，才有爱"跳龙门"的鲤鱼逆水而上，在她们认为合适的上游溪谷或静湖中产卵繁殖，再让她们的后代顺流而下，在营养更丰富的下游成长生活。正是因为我的流动和连续，多姿多彩的植物得以传播到广阔地域，随处而安、生长繁衍。我的连续也使众多野生动物的迁徙成为可能。我本是大地肌体上惟一的连续体，我之于生命的地球，正如血脉之于生命的人类。也因为我的流动和连续，才使你有一个美丽的童年、美丽的梦，使人类生活的城市有了一串串美丽的项链。

我那无知的儿女们啊，为什么要残忍地将我裁弯取直，再用钢筋水泥捆裹我本来自然而优美的躯体，令我窒息，如同僵尸。我曾经有浅滩深潭，如琴弦响着动人的乐曲；春汛到时，我让洪水缓缓流过，积蓄丰盛的地下水库；秋旱来临，我释放不尽的涌泉，让所有生命恢复生机；我曾经有鲜嫩的水草在丰腴的肌肤上舞动，庇护着大小游鱼，潜伏着河蚌泥鳅；我曾经有慈菇和芦苇，在幽凹处快乐地生长，青蛙和鲶鱼唱着黎明与日暮的歌；我曾经有磐石兀立在那显凸处，石缝中长着深情而不惧贫瘠的芒草，向濯足的路人诉说春天的丰润与秋天的萧瑟。好大的浓阴啊，那是身边的乌桕与河柳的投影，阴凉中有双双鲫鱼共享自由与欢乐。

我那卑俗的儿女们啊，你们嫌我草灌丛生，包容泥土与生命万物，可那何尝不是我的美德？你们嫌我曲折蜿蜒，自然朴素，可那何尝不是诗的泉流、画的本原？你们认贼为父，让生硬的水泥和花岗石奸淫我纯洁的躯体；你们浮华虚伪，让意大利的瓷砖、荷兰的花卉和美利坚的草坪装饰我的玉体，却剥去了庇护与滋润我的乡土草木，令我面目全非。那何尝不是罪孽？

南方的人呵北方的人，你们曾经向我排泄着污秽和浊流，而今却拿我开刀整治，举着“泻洪”的利刃，开着“清污”的铲车……多想问你们——还记得吗？我是你们的母亲河啊!

*俞孔坚，最初发表在《时代建筑》，2002.1,13

自序-3 魂兮归来：城市景观呼唤人性场所*

走进北京，走进上海、广州和成都，走进我们的每一个城市，你都看到了些什么，又体验到些什么？有人在说千篇一律，有人在说千城一面。于是乎，追求特色与个性的领导和设计师们便挖空心思，竭尽屋顶、立面、广场和马路之能事："夺回古都风貌"，创造"世界第一"，构筑"新世纪"景观，但结果又是如何呢？那令人望而却步的景观大道，那曝晒在太阳光下的世纪广场，还有那"亮起来"的街道。于是，我要问，城市该由谁来设计？城市该为谁而设计？

1. 没有设计师的公共场所

没有设计师的公共场所是充满诗意、充满人性和充满故事的。这样的场所出现在五十万年前山顶洞内的平台上，那时，"北京人"们狩猎回来，在洞内架起篝火，分享着一天的猎获；这样的场所出现在五千年前半坡村中心的黄土地上，那时，先民们走出各自的草棚，载歌载舞，共庆平安或准备出征捍卫家园；同样，这样的场所出现在克里特岛上的一个不规则的锲形平台上，美农王族及大臣们观看来自小亚细亚的美女的歌舞；在古罗马的广场上，公民们辩论政治，讨伐不称职的官员。

这样的场所是云南哈尼族村头大树下的磨秋场，在这里少男少女们在竞技在戏嬉；是山寨梯田上两条田埂的交汇之处，一棵披撒着浓阴的大青树，一脉清流从树下淌过，在那树下的大石头和小石头组成的空间里，在树阴间洒下的月光里，青年男女在倾诉着衷肠；是村中的水井旁，这里有一些纵横的条石，一两汪蓄水的石槽，妇女们在提水、洗衣服，男子们抱着竹筒烟枪，在一旁闲坐聊天，偶尔会给正在从井里提水的漂亮姑娘帮上一把，献一番殷勤。

这样的场所在青藏高原的村头或交叉路旁，围着比村庄更古老的玛尼堆，藏族老人们手摇经轮，在旋转着、祈祷着。那玛尼堆是由一方方刻着经文的石块垒就的，那石块是由路人从远方带来的，每一块都有一段艰辛的经历，同时都带着一个美丽的希望。

这样的场所在江南水乡的石埠头上，小孩们缠着白发老人讲述着关于门前那条河，河上那座桥的动人故事，讲述他少年时的钟爱曾经在此浣纱，红罗裙倒映水中。

这些没有设计师的公共场所却充满着含义。它们是人与人交流的地方，一个供人分享、同欢、看和被看的所在，是寄托希望并以其为归属的地方。离开了人的活动、人的故事和精神，公共场所便失去了意义。

现代人文地理学派及现象主义景观学派都强调人在场所中的体验，强调普通人在普通的、日常环境中的活动，强调场所的物理特征、人的活动以及含义的三位一体性。这里的物理特征包括场所的空间结构和所有具体的现象；这里的人是一个景中的人而不是一个旁观者；这里的含义是指人在具体做什么。因此，场所或景观不是让人参观的、向人展示的，而是供人使用，让人成为其中的一部分。场所、景观离开了人的使用便失去了意义，成为失落的场所（Placeless）（Relph，1976年）。

我们怀念没有设计师的公共场所，那是浪漫的、自由的、充满诗意的，是艰辛的、可歌可泣的；那是朴素的、且具功用的；那是自下而上的，是人的活动踩踏和磨炼出来的，是根据人的运动轨迹所圈划的；那是民主的，人人都认同，人人都参与的物化形态；是人所以之为归属的，刻入人的生命历程和人生记忆的——那随自然高差而铺就的青石板，那暴露着根系的樟树，那深深刻着井绳印记的井圈，还有缺了角的条石座凳。这些场所归纳起来，都有以下几大物质特点：

第一，它们是最实用的，而且能满足多种功用目的。

第二，它们是最经济的，就地取材，应自然地势和气候条件，用最少的劳动和能量投入来构筑和管理。

第三，它们是方便宜人的，人的尺度、人的比例。

第四，它们都是有故事的，而且这些故事都是与这块场所和这块场所的使用者相关的。

所有这些都构成了公共场所的美。美不是形式的，她是体验、是生活、是交流——人与人的交流、人与自然的交流。

2.有设计师失去了场所

自从有了设计师之后，那些没有设计师的公共空间的丰富的含义似乎失去了，彻底的或不彻底的。设计师或者为表现他自己而设计，或者为他所依附的神权、君权、财权或机器而设计，却忘记了为人——普通人和生活的人而设计。只要简单地回顾一下城市景观的历史，就会发现人们实际上很少在为人自己而设计。这里的“人”是指普通的人、具体的人、富有人性的个体，而不是抽象的集体名词“人民”。

(1)惟设计师的设计

以往，建筑及城市设计强调经济、实用、美观，把美观与经济和实用割裂甚至对立，而且把美限于“观”。这本身就是个误解。而使设计进一步走入误区的是，当人们把强调美观作为一种社会的进步而位居经济和实用之上时，空洞无味的形式美便日渐风行。于是乎有了小城市里数公顷甚至于数十公顷下沉或抬高的广场，有了大小城市中心的轴线式六车道的景观大道；于是有了意大利进口的石材，美国进口的草坪；于是有了巴洛克的图案，欧洲新古典的柱廊和雕塑。设计师，当然是加引号的设计师，总试图将自己心目中的“美”展示给观众，把人当作外在者，而不是内在的生活者和体验者。

(2)为神设计的城市

从五千多年前两河流域最早的城市，到中世纪及文艺复兴之前的欧洲城市、美洲的印加帝国，再到中国的大小城市，城市空间无不围绕教堂庙宇而设计，居民屈居于神之脚下。在高耸如云的埃兹泰克(Eztec)神坛之上，人是神的牺牲品；无数的庙堂台阶之下，人是神的奴仆。

(3)为君主和权贵而设计的城市

纵观城市发展的整个历史，在大部分时间里，人们都在为君主和权贵设计城市。从北京的紫禁城和各州府衙门到意大利墨索里尼的罗马再建计划和希特勒的柏林，再到英法殖民主义者在亚、非、拉的新城。城市设计无不是权贵们的集权欲、占有欲和炫耀欲的反映。而普通的市民们却在高大的建筑物、巨大的广场和景观大道面前，如同不可见的蚂蚁。文艺复兴将人从神权中解放出来，却为他们带上了君权的桎梏。人同样是祭坛上的牺牲品或是祭坛下的奴仆。

(4)为机器所设计的城市

工业革命给城市景观带来了深刻的变化。人们似乎征服了自然，挣脱了神的约束，推翻了君主。但人们并没有改变受奴役、被鄙视的地位。人们用自己的双手创造了另一个主宰城市、主宰自己生活的主人——机器。从英国的格拉斯哥，到美国的纽约、底特律、洛杉矶，到中国的上海、北京、沈阳、太原。你会发现似乎所有大城市都曾经或正在为机器而设计，快速和高效是设计的目标，这就是近一个世纪以前柯布西耶的理想城市模式：快速城市。为了生产的机器，人们设计厂房；围绕厂房，人们布局工人新村。为了汽车的通行，人们拆房破街，并将快速路架过头顶。为了让汽车在“世纪大道”上畅通无阻，人们选择了让人在曝晒或雨雪寒风中漫长地等待，等待机会横穿那危险的屏障。每当看到此景，你会感到人的尊严甚至不如一群横渡溪流的鸭子。

人们生活的全部内容：工作、居住、休闲、娱乐，被解剖成一个个独立功能的零件。城市设计过程中则把这些功能零件加以组合、装配，于是，整个城市本身也成了一个机器。通过交通系统和汽车把这些零件组成一个功能体，而人则再次被忽略了。

所以，纵观城市景观的历史，人们在挣脱了一个旧的枷锁之后，又被套上新的枷锁。直到最近，随着知识经济时代的到来，我们似乎看到人性化时代的曙光。现代城市空间不是为神设计的，不是为君主设计的，也不是为市长们设计的，而是为生活在城市中的男人们、女人们、儿童们、老人们、还有残疾的人们和病人们，为他们的日常工作、生活、学习、娱乐而设计的。惟设计师的公共场所的设计是富于创造和令人敬佩的，为神圣的或世俗的权威及其代表而设计的城市空间和建筑是恢弘的、气派的、令人惊叹的；为机器而设计的空间是快速而高效的。然而，它们离普通人的生活是遥远的。

于是，我们感到悲哀，我们为设计师而悲哀，为自己作为设计师而羞耻，为经过设计而呈现在人们面前的“作品”而悲叹：别了，诗意的场所；别了，人性的空间；别了，那故事的地方。然而，我们又不甘心，我们因此呼号。

3. 重归人性的场所，找回故事的地方

当设计是为了生活、为了内在人的体验；当设计师成为一个内在者而融入当地人的生活；当设计的对象具有功用和意义时，我们方可重归人性的场所，找回那故事的地方。为此，设计师应该：

第一，认识人性。人作为一个自然人和社会人，他们到底需要什么：人需要交流，害怕孤独；人需要运动，需要坐下休息；人离不开水，人也爱玩火；人爱采撷和捕获；人需要庇护和阴凉，需要瞭望，看别人而不被别人看到；人需要领地，需要适当尺度的空间；人需要安全，同时人也需要挑战；人爱走平坦的道路，有时却爱涉水、踏汀步、穿障碍、过桥梁。同时，人要交流、要恋爱、要被人关注，同时喜欢关注别人……。因此，需要设计的场所能让人性充分发挥。

第二，阅读大地。大自然的风、水、雨、雪，植物的繁殖和动物的运动过程，灾害的蔓延过程等等，都刻写在大地上。因此，大地会告诉你什么地方可以有树木，什么地方可以有水渎或土丘；大地也告诉你什么格局和形式是安全和健康的，因而是吉祥的，什么格局是危险和恐怖的，因而是凶煞的。同时，大地景观是一部人文的书：大地上的足迹和道路，门和桥，墙和篱笆，建筑和城市以及大地上的纹理和名字，都讲述着关于人与人，人与自然的爱和恨，人类的过去、现在甚至未来。因此，阅读大地是在认识自然，而更重要的则是认识人自己。

第三，体验生活。体验当地人的生活方式和生活习惯，当地人的价值观。如果你不到都江堰的江边林下坐上一天，就不明白为什么成都被认为是中国最悠闲的城市；如果你不搭一回北京街上的出租车，就不理解北京作为“政治中心”的含义；如果你不到温州街头走走，你也不会知道“全民皆商”的意味；如果你不经历青藏高原的缺氧，也就不能理解为什么那里的人会成为释迦牟尼的选民。只有懂得当地人的生活，才会有符合当地人生活的公共空间的设计。

第四，聆听故事。故事源于当地人的生活和场所的历史。因此，要听未来场所使用者讲述关于足下土地的故事，同时要掘地三尺，阅读关于这块场地的自然及人文历史，实物的或是文字的。由此感悟地方精神：一种源于当地的自然过程及人文过程的内在的力量，是设计形式背后的动力和原因，也是设计所应表达和体现的场所的本质属性。这样的设计是属于当地人的，属于当地人的生活，当然也是属于当地自然与历史过程的。

城市景观是人类的欲望和理想在大地上的投影。在近万年的城市发展历程中，人类为摆脱自然力、神权、君权以及自己创造的机器的约束，今天终于走进了一个天地 - 人 - 神和谐的人性化的时代。

回来吧，诗意的场所；回来吧，人性的空间；回来吧，那故事的地方。

---

*俞孔坚，主要观点发表在《城市环境艺术》，中国建筑学会主编，沈阳：辽宁科学技术出版社，2002

魂兮归来

在我的家乡，
当孩童生病发烧时，
母亲会走到村口，
将茶叶和大米撒向路面，
呼号：魂兮归来！
当孩童不幸夭亡时，
族人会弃尸于童坟，
碑曰：魂兮归来！
然而，亡逝的灵魂啊，
你将被指向何处？
是希腊和罗马的废墟，
还是养育你的家园？

上篇　前车之鉴：国际城市美化运动

本篇摘要：从1893年美国芝加哥的世博会开始，以城市中心地带的几何设计和唯美主义为特征的城市美化运动疯卷全美，而留下了沉痛的教训。所幸的是，这种思潮在1909年的首届全美城市规划大会上，及时得到了批评和抵制。城市美化运动很快被科学的城市规划思潮所替代。然而，城市美化运动的阴魂不散，在过去一百多年的时间里继续泛滥于世界各地。时下，中国大地上的“城市化妆”运动却在重蹈历史覆辙。本篇系统地分析了国际城市美化的历史渊源、产生的历史背景及原因，分析了其在各个时期及不同国家的表现以及出现的问题和教训。

1.1　关于城市美化与“城市美化运动”

“城市美化”(City Beautiful)作为一个专用词，出现于1903年，其发明者是专栏作家马尔福德·罗宾逊(Mulford Robinson)。罗宾逊是一名非专业人士，以后半路出家，到哈佛大学学习景观设计和城市规划，他借乘1893年芝加哥世博会的巨大的城市形象冲击，呼吁城市的美化与形象改进，并倡导以此来解决当时美国城市的物质与社会脏乱差的问题。后来，人们便将在他倡导下的所有城市形象改造活动称为“城市美化运动”(City Beautiful Movement)

(Newton, 1971年; Wilson, 1999年)。

尽管作为一种城市设计的主流思潮发端于美国，始于1893年美国芝加哥的世博会，但“城市美化运动”的形式来源实际上可以追溯到欧洲15～16世纪文艺复兴的理想城市模式，而更直接的形式语言则来自于16～19世纪的巴洛克城市设计。

“城市美化运动”强调规则、几何、古典和唯美主义，而尤其强调把这种城市的规整化和形象设计作为改善城市物质环境和提高社会秩序及道德水平的主要途径。在20世纪初的前十年中，城市美化运动不同程度地影响了美国和加拿大的主要城市。但它在美国实际上却仅风行了16年的时间（从1893年的芝加哥博览会到1909年的美国第一届全国城市规划会议）。尽管如此，这一阶段在城市规划和景观设计史上还是有着重要意义的(Pregill and Volkman, 1993年; Kostof, 1995年; Cullingworth, 1997年; Wilson, 1999年)，其影响至今尤存。从积极的方面来讲，它促进了城市与景观设计专业和学科的发展，开始改善了城市形象，也加速了景观和城市规划设计师队伍的形成。

从倡导者的愿望来说，城市美化应包括至少以下几方面的内容(Pregill and Volkman, 1993年)。

第一是“城市艺术”（Civic Art）：即通过增加公共艺术品，包括建筑、灯光、壁画、街道的装饰来美化城市。

第二是“城市设计”（Civic Design）：即将城市作为一个整体，为社会公共目标，而不是个体的利益进行统一的设计。城市设计强调纪念性和整体形象及商业和社会功能。因此，特别强调户外公共空间的设计，把空间当作建筑实体来塑造。并试图通过户外空间的设计来烘托建筑及整体城市形象的堂皇和雄伟。

第三是城市改革(Civic Reform)：社会改革与政治改革相结合。城市的腐败极大地动摇了人们对城市的信赖。同样令人担忧的严重问题是城市的贫民窟。随着城市工业化的发展，贫民窟无论从人口还是从面积上都不断扩大，工人拥挤在缺乏基本健康设施的区域，这里成为各种犯罪、疾病和劳工动乱的发源地，这些都使城市变得不适宜居住。因此，城市改革包括对城市腐败的制止，解决城市贫民的就业和住房以维护社会的安定。

第四是“城市修葺”（Civic Improvement）：强调通过清洁、粉饰、修补来创造城市之美。尽管这些往往被人们所忽略，但却是城市美化运动对城市改进最有贡献的方面。包括：步行道的修缮、铺地的改进、广场的修建等等，都极大地改善了城市面貌。

从理论上讲，以上四个方面都或多或少地服务于城市美化运动的十个目标：

①通过集中服务功能及其他相关的土地利用的设计，旨在形成一

个有序的土地利用格局。

②形成方便高效的商业和市政核心区。

③创建一个卫生的城市环境，尤其是在居住区。

④通过景观资源的利用，创造城镇风貌和个性。

⑤将建筑的群体作为比建筑单体更为重要的美学因素来对待。

⑥在街道景观中创造聚焦点来统一城市。

⑦将区域交通组成一个清晰的等级系统。

⑧将城市的开放空间作为城市的关键组成。

⑨保护一些城市历史成分。

⑩创造一个统一的系统，将现代城市形态，如工业设施和摩天大楼结合在现有城市之中。

城市美化运动的最终目的是通过创造一种城市物质空间的形象和秩序，来创造或改进社会秩序，恢复城市中由于工业化而失去的视觉的美和生活的和谐(Newton，1971年)，并在某些方面和某些城市创造了留存至今的优美景观，如一些城市公园，一些纪念性建筑和城市中心等。

然而，在更多情况下，“城市美化”往往被城市建设决策者的集权欲和权威欲、开发商的金钱欲及挥霍欲以及规划师的表现欲和成就欲所偷换，把机械的形式美作为主要的目标进行城市中心地带大型项目的改造和兴建。并试图以此来解决城市和社会问题，从而使“城市美化”迷失了方向，使倡导者美好的愿望不能实现。美国城市美化运动最有影响力的规划师和建筑师伯奈(Daniel Burnham)的一句名言就是“不做小的规划，因为小规划没有激奋人们血液的魔力。而且它们本身也很可能难以实现，要做大规划，目标高远，为之奋斗，不要忘记，一个高超而合逻辑的构思一旦实现，便永不消亡”(Pregill and Volkman，1993年，P540)，在此口号之下，美国大陆上的各大城市都经历了不同程度的再建与改造过程。所幸的是，这种思潮及时得到了批评和抵制。在1909年的首届全美城市规划大会上，城市美化运动很快被科学的城市规划思潮所替代，基本上宣判了“城市美化运动”在美国本土的死刑。

但是，“城市美化运动”的阴魂不散，它伴随帝国主义和殖民主义的统治势力而来到了亚洲、非洲和大洋洲，成为白人种族优越地位的象征和种族隔离的工具。之后，在20世纪30年代，转了一圈之后，它又回到了法西斯和纳粹统治下的欧洲，成为独裁者炫耀其权力的舞台。

在近一百年的历程中，“城市美化运动”在各种不同的经济、社会、政治和文化条件下都有所表现。彼得·霍尔(Peter Hall)一针见血地指出：它是金融资本主义的奴仆，它又是帝国主义的代言人，它更是个人独裁主义者的工具(Hall，1997年，P202)。这些表现绝大多

数情况下都有两大共同特征:

第一，专注于纪念性和表面文章，将建筑或城市空间作为权力的符号，与此同时几乎全然不考虑规划所应达到的更广泛的社会目标。

第二，为展示而规划，将建筑和城市空间作为表演的舞台，设计的目的是令观众激动，让参观者惊叹。只是在不同时代和国家里，观众有所不同罢了，他们或是向往贵族生活的中产阶级，或是那些在寻机挥霍和寻求刺激的暴发户，或是卑怯的殖民地臣民，也或是涌入城市的农民和来自乡下的参观者。

可悲的是，除了少数旁观者外(他们或沉默，或是在场外发出使“演出者”感到不悦的呼号)，似乎所有人都喜欢这样的表演，而对为此瞬间和表面的表演所付出的代价却木然。

在近乎百年之后，“城市美化运动”的幽灵又来到了中国，它带着16世纪意大利的广场，17和18世纪法国的景观大道，20世纪美国的摩天大楼，出现在大江南北大大小小的城市。尽管它在新中国五十年的城市建设史上可以看作是一种进步，在改善城市形象等方面起了一些积极的作用，但其已经和正在造成的危害，使我们不能漠然置之。正如，国务院[2002]13号文件所指出的“改革开放以来，我国城乡建设发展很快，城乡面貌发生显著变化。但近年来，在城市建设中出现了一些不容忽视的问题，一些地方不顾当地经济发展水平和实际需要，盲目扩大城市建设规模；在城市建设中互相攀比，急功近利，贪大求洋，搞脱离实际、劳民伤财的所谓‘形象工程’，‘政绩工程’”。

1.2 巴洛克城市——君主的权杖，美国城市美化运动的原型

1.2.1 背景：从理想城市到巴洛克城市

城市美化运动最根本的出发点之一是将城市景观片面地作为视觉审美的对象来欣赏和设计。这一认识源于关于城市形态和设计的启蒙时代，即15～16世纪欧洲文艺复兴时代的理想城市。首先是在文艺复兴的中心意大利，画家、雕塑家、文学家和诗人受教皇和贵族的聘请，与建筑师们一起参与甚至主持重要建筑的设计和建造，并用同样的原理来设计城市。如当时最负盛名的画家和雕塑家米开朗琪罗和拉斐尔等都是罗马一些重要建筑和城市广场的主要设计者和参与者。形象是艺术家们所要创造的最终目标，而指导艺术家们形象创造的是理想形式，一种绝对的美的理想。这种绝对美的理想存在于天才艺术家的内心，而最终源于宇宙和自然造物。这种绝对的美终于在古希腊和罗马的雕塑及建筑中找到了：秩序、比例、对称、均衡、和谐、明快。

艺术家和理想城市的幻想者用设计艺术品和建筑物的方式来描绘想像中的城市：一个完美无缺的、几何化的鸟瞰或透视图案。而现实

存在的欧洲中世纪城市，由于其自由的形态和高密度的建筑物，使理想城市的艺术品很难得以实施。随后而来的巴洛克城市景观设计和建造者，正是在一个现实的“混乱的”中世纪旧城市肌理上（图1-1），雕刻出近乎理想的景观大道、城市广场和纪念物。正是城市作为艺术品和建筑物的理想模式和城市作为展示空间的巴洛克模式，成为延续近五个世纪，往返流行于欧洲、美洲、亚洲，最终盛行于当今中国的城市美化的最基本的语言。

图1-1　中世纪的欧洲城市：由于它们的拥挤和混乱，被作为理想城市和巴洛克城市的改造对象。

最早将希腊和罗马的古典美传播给文艺复兴建筑和城市艺术家的建筑理论是阿尔伯蒂（Leon Battista Alberti，1407～1472年）的《建筑十书》。该书在古罗马建筑理论家维特鲁威的著作基础上，提出建筑形式美的原则，以及一系列理想的比例关系，并在其建筑设计中尝试，由此开启了基于古典建筑美学规律的建筑风范（图1-2）。

这些来自于希腊和罗马建筑和雕塑的形式美理想，经过以追求唯美形式为生命的艺术大师们的双手，而成为文艺复兴时代新建筑和形象，最终成为后来古典主义建筑师们所顶礼膜拜的对象。这里最值得一提两位艺术家是画家出身的伯拉孟特（Donato Bramante，1444～1514年）和集雕塑家、画家及工程师为一身的米开朗琪罗。他们为罗马的建筑奠定了古典主义建筑的基础，而他们的广场设计则为巴洛克城市设计播下了种子（图1-3～图1-4）。这正是四百年后美国城市美化运动审美标准的主要来源。

对文艺复兴时期的艺术家来说，客观世界是由不同层次构成的，

图1-2 阿尔伯蒂运用古罗马建筑的比例关系和语言来改造和重建中世纪哥特式教堂的建筑，开启了基于古典建筑美学规律的建筑风范，Sant's Andrea教堂，意大利Mantua，1470年设计（Gardeners' Art Through the Ages，1970，P430-431）。

图1-3 艺术家的理想形式美：伯拉孟特(1502～1503年)设计的坦比埃多教堂，意大利，蒙托里奥（Gardeners' Art Through the Ages，P457）。

而在每一层次上都遵循同样的美学原理，如米开朗琪罗就把城市比作人体，依照人体的四肢和中心关系来设计城市，而人体是上帝创造的最美的形式。设计雕塑和建筑物的绝对的形式美原理同样地被用于城市的设计(图1-5)。

这种绝对美的形式幻想与中世纪的现实城市形成了强烈的对比，后者如同一个油点围绕着中世纪的核心向外层层扩展。这种增长是围绕着作为神权象征的教堂，通过毫无规划的建筑和邻里关系而产生的。阿尔伯蒂的城市理念对这种有机城市提出了尖锐的批判，他强调应该把城市按几何形式作为一个整体来规划。城市被当作一个统一的、完整的实体，被比喻成一个建筑物，是一个由部分构成的物质实体，由实体的公共空间、纪念物、公共的和私人的建筑所构成。一个城市就是一个大房子，而一座房子就是一个小城市。城市由建筑构成，如同一个建筑由房间组成一样。防卫用的城墙定义了城市，城墙可以是实的，也可以是虚的（如壕沟）。城市是一个被看的建筑，但同时也是一个看的构件，一个取景的设置。这个取景设置通常在城市中心地由根据理想城市模式设计的建筑来定义。

图 1-4　艺术家的理想形式美：米开朗琪罗 1537 年设计的元老院及广场平面（Capitoline Hill），意大利罗马。

图 1-5　艺术家的理想形式美：米开朗琪罗（1546～1564 年）设计的圣彼得教堂，意大利罗马。

这些理论影响了16世纪的城市，向心式的城市平面布局成为文艺复兴理想城市的通式。新城市的平面中心图案必然是“圆、方或某种形状”，城市和其中各种组成部分必然是成双成对而设的，这些相对的设立明确和凝固了建筑及城市的意义。城墙相对于护城河；城门相对于主轴线；街道相对于公共广场；街道的直线相对于曲线；神圣的建筑物相对于世俗的建筑；公共建筑相对于私人建筑。这样的理想城市的一个经典例子是斯福津达（Sforzinda），它是由设计师费拉尔特（Filarete）为当时的米兰君主Francesco Sfoza设计的。其基本形状是个八角星。每个角上各有一门，中心是一市政大楼和公共广场，另有均匀分布的16个小广场在城市中，提供商业和教堂场所。但这一出于艺术家之手的完美的理想城市，由于其过于铺张和唯美，以及与现实的距离和建造者的实际财力，同其他许多天才画家和建筑艺术家绘制的理想城市一样，无一例外地只成为永远的纸上城市，而真正能按艺术家们的理想实现的是某些单体的建筑，基本上是最不受现实条件限制和最具实力的教堂（图1-6）。

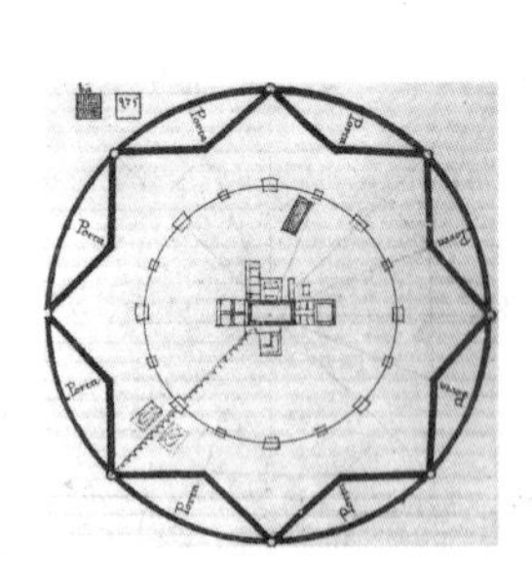

图1-6 费拉尔特设计的斯福津达理想城市图式，没有实现，设计时间1457～1464年(Kostof，1991年，P186)。

欧洲文艺复兴的理想城市模式是把城市看作建筑化的实体，城市的形态由一个个建筑实体构成，而忽视了城市是一个时间维上的产物，城市是一个过程而非一个物体，其结构和形态实际上是由其“虚”（Void）体而不是实体来定义的，是由街道和广场而不是由建筑物来限定的，而将城市想像成房子势必抹煞建筑物与城市的差异，忽视了“虚体”（空间）的潜在价值，并且忽视了城市建筑的不确定特性、时间性和城市的过程（Gandelsonas，1999年，P19），这是理想城市最终在欧洲大陆上的城市改造中成为泡影的内在原因。

尽管欧洲文艺复兴理想城市的模式没能在中世纪的城市肌理上得以实现，但它却在法国巴黎郊外的凡尔赛宫中得到完美的体现。那是一个城市外的完整的皇家理想城市模式。景观设计师雷诺随国王路易十四从1667年开始设计和修建这一宫园直到逝世（1700年）。凡尔赛的规模与内容可谓前无古人，它被认为是混乱与野蛮的海洋中快乐和文明的岛屿。雷诺在这一设计中将所有的视景全部集聚于皇帝的眼中，并系统地用各种方法，来创造巴洛克风格的体验—— 一种无限的感觉，这些方法包括框景、倒影或障景等，通过透视线的组织，形成一个空间的网络，使物体不能一览无余(图1-7～图1-8)。凡尔赛的宫苑景观模式以及随后的巴洛克城市景观模式，主宰了以后整个欧洲城市设计达三个世纪之久。但是，凡尔赛是为路易十四一个人设计的，而这种形式之所以得以在欧洲盛行，是因为那是在君主与贵族的统治时代。而正是这种君主与封建集权的共同性，我们才可以理解代表中国封建帝制的中国古代理想都市模式，这一模式的典型便是北京的紫禁城（图1-9～图1-10）。更有意思的是，一向妄自尊大而闭国

图 1–7

图 1–7 ~ 图 1–8　法国凡尔赛宫：一个完整的欧洲帝王的理想城市设计模式，是后来城市美化的一个原型：极度气派豪华；一点透视，强调几何的形式美，金玉堆砌的装饰。

图 1–8

图 1-9

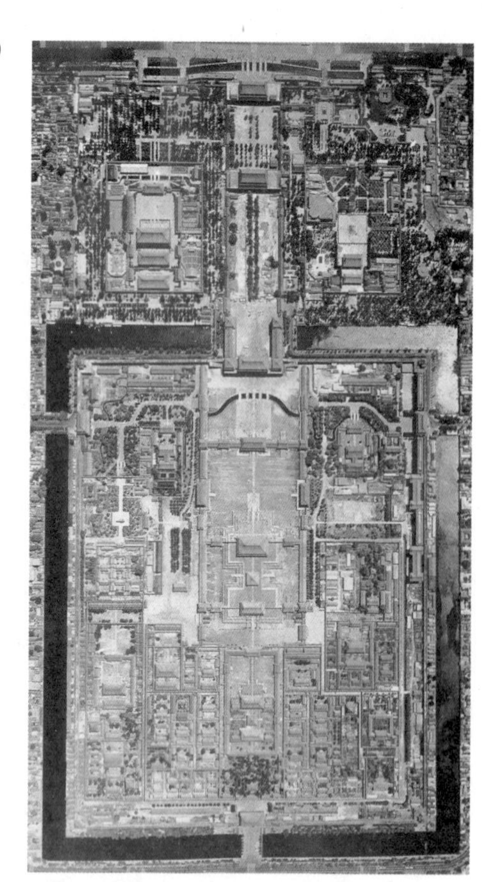

图 1-9 ~ 图 1-10　北京紫禁城：一个完整的中国封建帝王的理想城市设计模式，它被与欧洲的理想城市与巴洛克城市搀杂在一起，如同一个不散的幽灵，在现代中国的城市化妆运动中作祟。

图 1-10

图1-11　圆明园西洋楼，欧洲宫苑景观，更确切地说是凡尔赛景观扬威中国的最早例子之一。

自守的清代帝王却能欣然接纳这种来自异国的华饰景观（图1-11），足见欧洲皇家集权景观之迷人。

如果说凡尔赛是巴黎郊外的天堂，美洲大陆则是欧洲之外的一块处女地。不同于已建成的欧洲城市，美国的建筑与城市的空白使其为实现理想城市模式提供了广阔的空间。西班牙对新世界的殖民活动先于其他欧洲国家一个多世纪。西班牙在美洲的第一个殖民城市是佛罗里达的圣奥古斯汀（St Augustine），于1587年建成，随后于1638年，英国人用同样的中心广场加方格网的模式设计了康涅狄格的纽黑文(New Haven)。1682年设计的费城，同样采用了理想城市模式，堪称是美国本土上第一个大型的城市设计，洛杉矶则是美国独立革命（1776年）前的最后一个殖民城市。

美国的城市正是欧洲理想的建筑城市或艺术品城市的全面反映，是欧洲城市理想的试验地。在这一理想城市的整体意象基础上，再叠加了随后兴起的欧洲巴洛克城市设计模式，最终成为美国城市美化运动的基本形式，也是后来风行于世界各地城市美化的基本模式。

1.2.2　君主的威严与新贵的奢欲——欧洲巴洛克城市景观模式

巴洛克城市与文艺复兴的理想城市有许多共同的特征，它们都试图在原有“混乱”的旧城肌理上强加以几何化的秩序，创造一种形式美的形象，但实现这种秩序的途径是不同的。理想城市的透视形象是在一个固定的点创造的一种静态的二维形象，而巴洛克城市是创造一种流动的透视景象，这种景象通过在旧城肌理上切割出轴线、景观大道、辐射广场和节点及竖立标志性纪念物来构建。

作为一种设计形式和美国城市美化运动的主要源头，16世纪前后欧洲巴洛克城市的出现，主要源于以下的背景：

(1)古希腊与罗马的再发现：文艺复兴之后带来的思想解放，古典建筑理论的发现，古希腊和罗马纪念性建筑的发掘和测量，导致了对古典雕塑和装饰艺术的崇拜。理想化的文艺复兴城市模式为城市建设带来了生机，相对于中世纪的城市，这无疑是一种进步。但此后，随着新权贵的出现，以及他们对古代帝王的物质和享乐生活的发现和向往，使古典艺术成为附庸风雅的华丽外衣，并日趋雕琢和繁琐(图1-12～图1-13)。

(2)君主集权：政治上中央集权制和君主制取代教会统治；经济上出现商业资本主义和君主商业；政治、经济和军事权力集于君主一身，并以国家的形式出现，形成前所未有的城市规划和建设能力。同时，为保障统治者和新贵的穷奢极欲，要求有绝对服从的军队和臣民。新的社会秩序与同一成为城市规划最高的功能需要。正如芒福德(Mumford)指出的：古代死去的人像被当作活生生的真人加以摸玩，而活着的真人却变成了机器，没有自己的思想，只服从于外来的命令(Mumford，1961年，P347)。值得注意的是，这些古代的死去的人正是导致罗马帝国没落的穷奢极欲王公贵族们(图1-14)。

(3)几何美的发现：分析和实证为特征的近现代科学得到发展并渗透到生活的各个方面，几何学与透视学原理广泛应用于艺术与建筑，几何与规则的形式美成为人们生活空间规划与设计的原则。

简而言之，新贵族和君主的享乐和对社会秩序的绝对要求、对古典艺术的附庸风雅和对几何图案表现力的发现，使中世纪有机城市被当作混乱、肮脏的象征，并成为改造的对象（图1-1），巴洛克城市设计因此出现。作为一种新的城市景观模式，它与文艺复兴时代的理想城市不同，巴洛克城市强调将纪念性轴线、辐射广场、标志性构筑物以及它们的空间位置作为城市结构和形象的主体，而不是通过建筑的序列来构成城市形象。欧洲主要首都的重建大都基于巴洛克城市模式的一些基本原理。无论在柏林、巴塞罗那、布达佩斯、圣彼得堡，维也纳，特别是巴黎，所谓的新城市，实际上都是在中世纪的城市肌理上，雕刻出一些轴线和放射线，它们的尽端则是纪念性构筑物和广场，经典的例子包括意大利的保罗·希克图斯五世(Pope Sixtus V)的罗马城市景观重建工程，拿破仑三世的巴黎重建和维也纳的环城景观带工程(图1-17～图1-20)。

非常有意思而又耐人寻味的是，与古典和新古典及巴洛克风格相偕而来的既是集权与权威，同时也是物欲的膨胀和人性的堕落乃至国家

图1-12～图1-15　来自古希腊与罗马废墟的豪华成为欧洲君主与新贵们想像与所效仿豪华极奢生活的炫耀。

图1-12　希腊废墟：雅典卫城。

图1-13　罗马废墟。

图1-14　温水浴(1853年)，法国画家泰奥多尔·沙塞里奥根据罗马庞培城佛朗浴场遗址想像的古罗马浴室的场景，裸露而丰满的少女和悠闲的情调中，无不透露出时尚新贵们的企望。

图1–15　意大利典型的新古典庄园别墅（Villa Belmonte，Palermo，1801～1806年，见Toman，2000年，P110）。

图1－16　著名油画：罗马的堕落（1847，Thomas Couture）：以罗马柱为背景的狂欢场景，通过描绘罗马帝国败落映射1830年的法国七月王朝，一个以国王路易·菲利普为代表的由银行和金融贵族组成的新贵政权（Toman，P408）。

的灭亡，在其“典雅”与豪华的虚荣的背后，这个来自古希腊和罗马废墟的幽灵同时将社会引上堕落与腐朽（图 1-12～图 1-16）。

1.2.3　巴洛克城市实例与特征

巴洛克城市的登场始于16世纪中叶，源于保罗·希克图斯五世(Pope Sixtus V)和建筑师多梅尼科·丰塔纳(Domenico Fontana)的城市景观改造工程，他们将罗马的重要历史遗址、几个主要教堂和纪念性建筑联系在一起。在这一工程中丰塔纳(Fontana)并不是把城市作为一个实体的系统，而是将其作为一个“虚体”的网络，叠加在原有城市之上。这一虚体网络由景观大道、斜向的景观通道、辐射广场、节点广场和方尖碑及其他纪念物构成（图 1-17～图 1-18）。

16世纪的旧罗马是一个包含有许多神圣的纪念建筑的城市，包括圣彼得广场和其他教堂，而改造后的新罗马则成为一个供人祭拜的设有专

图 1-17

图 1-18

图 1-17～图 1-18 经典的巴洛克城市景观设计实例：保罗·希克图斯五世(Pope Sixtus V)的罗马改造。建筑师引入了雄伟壮观的巴洛克风格，通过景观大道、纪念性建筑和透视聚焦广场，形成城市空间网络，将纪念性建筑和公共建筑连为一体。工程始于1530年代，而集中在1585～1595年代(图中分别为圣彼得广场和罗马改造计划)。

门礼拜路线的“神圣的城市”，整个城市是一座“雕刻”出来的纪念性建筑。同时这一祭拜、参神的空间网络也是旅游的路线，因而具有商业价值。然而，具有意味的是，这样一个神圣罗马的改造计划是教皇和教会通过出售“赎罪券”的欺骗手段，向广大信徒搜刮钱财来实现的，最终引发了以马丁·路德为代表的宗教革命，以及旷日持久的宗教纷争，结果是城市美化不但没有强化教皇的统治，反而使神圣罗马最终走向衰弱。

奥斯曼(Haussman)的巴黎重建(始于1853年)以及维也纳的环城大道（始于1857年）可以被看作是在罗马的改造试验和凡尔赛宫大规模的景观建设这两项工程实践经验的积累基础上完成的。对奥斯曼有深刻影响的是凡尔赛，它是一个多中心的网络，巴黎的重建同样是将城市理解为一个“网络”来组织空间的运动。在此之前城市的定义是由一定数量有组织的建筑物构成的群体。而在奥斯曼的城市模式中，用于交通的地方、新的街道和林阴网络统领着建筑(图1-19～图1-21)。

奥斯曼的工程是在建设卫生城市与社会秩序的口号和名义下进行的，以作为一种防止疾病(霍乱)和社会不安定(革命)的手段。直线打破了现有的、“充满病疾的”中世纪有机城市的物质与社会肌理，拓宽和规整了街道，集中体现了美、卫生和商业的价值观。这种城市改造工程形成了介乎自然有机城市与规划的城市之间的一种中间型城市，即重构城市(Restructured city)。巴黎城市美化由拿破仑三世集第二帝国之财力建设，但最终并未能挽救第二帝国，正当重建工程进入第三阶段不久（1868年），第二帝国就在内忧外患中灭亡了。

维也纳的城市环带是巴黎重构的同时代产物(图1-22)，是在拆除中世纪城堡之后建设的一条景观带，尽管从尺度和恢弘的气势上仍可见巴

图1-19为19世纪中叶巴黎的景观大道景象(Kostof，P244)。

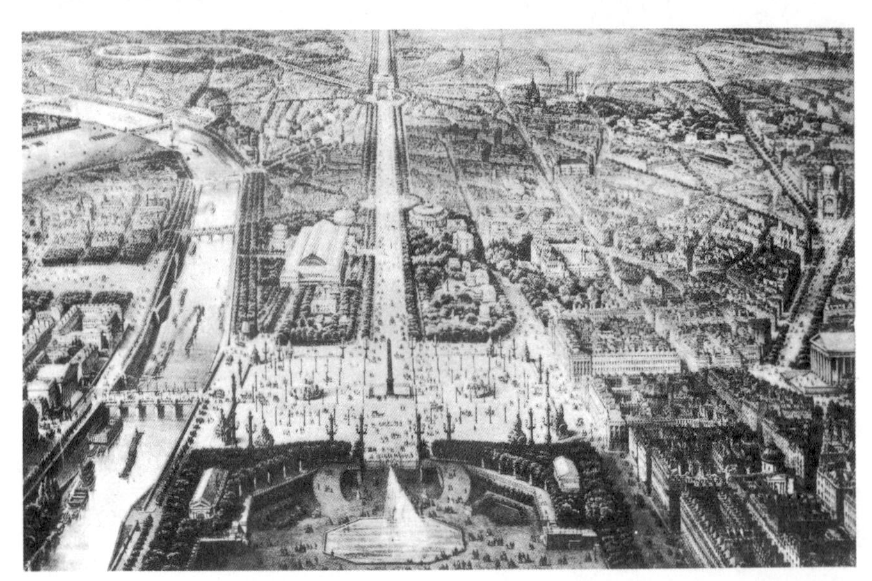

图 1-20

洛克的强有力的影响，但其形态和空间结构却与巴黎大相径庭。在此环城景观带上，集中分布大量公共建筑和私人豪宅，成为内城与新区的分割带。巴洛克的规划师们通过空间的组织，将观赏者引向中心聚焦点，而在这里，空间成为起主导作用的建筑物的场景和环境。在环城景观带的建设中，它反用了巴洛克的原理(Gandelsonas，1999年)，即不是用空间来规定和统领建筑物，而是用互不相干甚至风格迥异的建筑物来显现水平的空间，一个现代的空间场—— 一个同心环的构图。这一规划强

图 1-21

图1-20～图1-21为现在巴黎的景观大道景象。经典的巴洛克城市景观设计实例 拿破仑三世在巴黎重建，奥斯曼设计的景观大道切割旧巴黎的城市有机肌理，被作为解决社会动乱的一项措施。

图 1-22　维也纳的环城景观带工程，中世纪的城墙被拆除，代之以景观带（Kostof，P20）。

调的是流畅的交通而不是视景，没有建筑阻碍，也没有明显的终点。

欧洲巴洛克城市模式传到美国，并在华盛顿的规划中得以体现，其间经历了两个阶段：第一个阶段是华盛顿基础的形成，由法国建筑师朗方特（L'Enfant）于1791年完成；第二个阶段主要是中心纪念性轴线的形成，是美国城市美化运动的第一个大型的工程，由美国的设计师参观欧洲之后，于1901年修改完成，并最终成为欧洲巴洛克城市与美国城市美化运动主导风格之间的一个桥梁（图1-23～图1-25）。

图1-23

图1-23～图1-24　美国加利福尼亚州的哈氏城堡（Hearst Castle），是美国报业大亨William Hearst（1863～1951年）的庄园，豪华的室内外游泳池，曾经是艳女明星休闲聚会的场所，无疑是罗马温浴场景的再现。

图1-24

1.3　美国的城市美化运动——资本主义暴发户的奴仆，世界城市美化的模板

1.3.1　背景

16世纪以后，随着欧洲殖民者的涌入，文艺复兴的理想城市模式在美洲大陆上大行其道。美国独立后，18世纪末，欧洲设计师又通过首都华盛顿，将巴洛克城市模式传到了美洲，这些源于古希腊和罗马的传统，最终在19世纪末走到一起，并在美国形成被称为城市美化运动的思潮，其原因在于以下几个方面：

(1)对统一与秩序的要求：这可能是最重要的原因。19世纪末的美国，内战之后不久，极端个人主义和强盗盛行，土地霸占之风猖獗，急速的以及无序的城市化和大量的新移民，使城市变得脏乱，社会动荡不安。同时，资产阶级民主制度下，中产阶级出现了，他们向往欧洲巴洛克的优雅城市生活；中产阶级的城市品位——主要包括视觉品位的确立；对城市的肮脏与拥挤的厌弃；对社会不安，特别是对犯罪和政治上的无政府状态产生的恐惧；对控制和管理的需求。城市的组织被认为是用一系列相关行动缓解以上所有问题的一种途径。要求卫生与美化的呼声日益高涨，各城市都着力改善自身的健康和秩序，一些致力于城市卫生改善的公众委员会最后都成为规划的机构。芝加哥的博览会实际上反映了美国全国范围内的一种国家情绪——一种期望统一和秩序的呼声。

(2)新兴资产阶级暴发户的出现：他们富有并具有影响力，他们不但可以支持大规模的工程，同时能从中获得长远的利益。城市美化运动强调空间的有组织性和商业价值，正符合实业家的经济目的，而企业家们高雅的理想化的城市美也正是城市美化运动所倡导和追求的。而这些企业家们所谓高雅的理想建筑和景观形式无非是欧洲贵族的巴洛克城市景观（图1－23～图1－24）。与此同时，新兴的贵族支持着艺术和公共文化设施的发展，并带动了施工质量的提高，这些都为城市美化运动打下了基础。

(3)欧洲的再发现：富裕起来的美国人大量去欧洲旅行，使他们得以领略欧洲文艺复兴时代和巴洛克时代的纪念性城市空间。由奥斯曼(Haussman)规划的新巴黎尤其具有吸引力。同时，许多有影响的美国设计师留学欧洲或在美国国内接受古典建筑与造型艺术的文化教育；早在1880年代，学院派的建筑就以高品位姿态在东部崭露头角，以波士顿公共图书馆为代表，将意大利文艺复兴时代的建筑风格引入。在19世纪80年代末期，罗马的古典主义风格、文艺复兴风格以及更为时代化的法国新建筑语言混合为一体，从而形成了富丽堂皇的美术(Beaux－Arts)情调。美国的“文艺复兴”由此得以自誉和表现。新的

暴发户被过誉为文艺复兴时代的贵族商人，因此，他们也附庸风雅。欧洲艺术和建筑成为临摹和收集的对象。芝加哥世博会成了设计师为创造美国未来城市形象的一个试验场和案例，东部学院派的欧式建筑被建筑师们带到了芝加哥。

(4)表现欲的发作，几何图案表现力的再发现：19世纪末，正是芝加哥，也是全美国急于向世界展示其实力和自豪的时候。从南北战争（1861～1865年）中恢复过来的美国，资源优势和工业革命的成果使其迅速掘起，此时，已有足够的财力向全世界昭示其实力和富有，以弥盖其在文化上的贫乏和劣势。因此，对欧洲上层绅士文化和巴洛克建筑风格投以青睐。同时，美国人对早期浪漫主义情调的田园式景观开始厌倦，而欲寻求新的视觉形式的刺激。一种表现式的、规整的和几何的城市设计形式开始孕育而生，并在1893年芝加哥世博会上趋于成熟，形成强烈的视觉冲击，整个北美世界以之为楷模，从而大行其道。

1.3.2 美国城市美化运动实例

1893年的芝加哥哥伦比亚世博会可以说是美国城市美化运动的直接导索和前奏。为庆祝哥仑布发现美洲大陆四百周年，芝加哥需要举办这一国际盛会，作为争办城市获得国会批准，并将该市南部的一片沼泽进行开发作为世博会的场地，伯奈（Daniel Burnham）被指定为项目设计负责人，这是自1851年伦敦世博会后的第十五届备受欢迎的国际最大型的盛会。伯奈邀请全美著名的建筑师和景观设计师参与工作，其中包括美国景观设计之父奥姆斯特德（Olmsted）。这是一个多学科、多专业的综合队伍。他们决定这次世博会放弃以往舞台式临

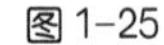
图1-25

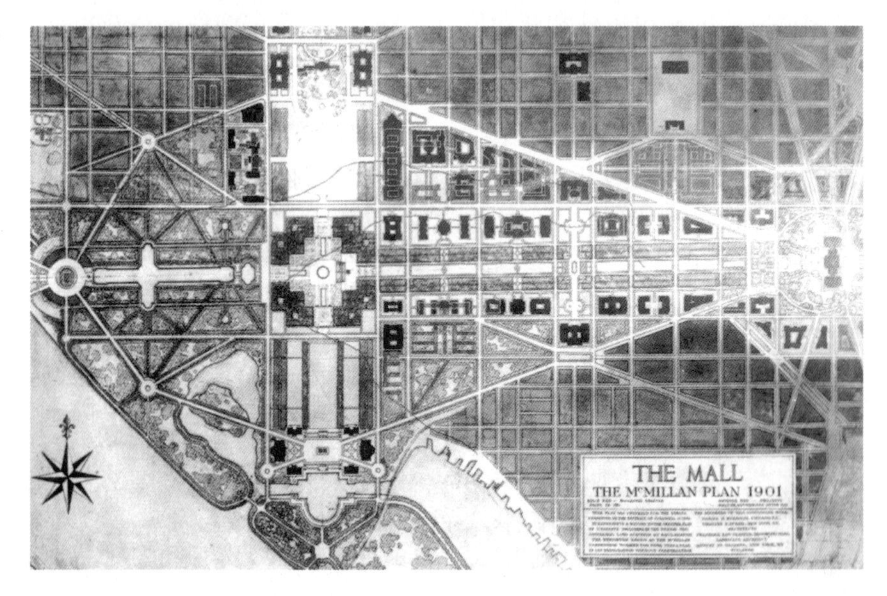

时性做法，而是建设“永久性的建筑——一个梦幻之城”，并将其风格统一在古典主义的基调上。芝加哥巴洛克式的世博会的巨大成功，如同第一颗原子弹的试验成功，引发了“城市美化”竞争之战。白色的古典之城在某种意义上讲是一个样板，为以后的城市美化定下了基调。

第一个大规模地遵循城市美化运动原理进行规划的真正的城市（相对于芝加哥的博览会的展览性场所）是首都华盛顿，即麦克米兰(James McMillan)规划。这一规划是在朗方特(L'Enfant)1791年的规划基础上进行的，旨在清理城市公共用地日益被蚕食和破坏的形象。规划由议员麦克米兰(James McMillan)领导，成员包括伯奈

图1-25～图1-26　作为城市美化运动的第一个大型工程的华盛顿，是欧洲巴洛克城市与美国城市美化运动主导风格之间的一个桥梁。

图1-26

(Burnham)，奥姆斯特德(Olmsted)等。他们的工作主要包括造访欧洲五周、做模型、绘图，特别是鸟瞰图和透视图。最后结果不仅仅是恢复朗方特(L'Enfant)的原规划，还重新对规划做了解释，代之以密度更大，更建筑化和几何化的城市形态。新规划尤其强调了纪念性轴线的几何与形式化，使原来规划中浪漫自然的情调消失殆尽。但毕竟华盛顿原规划的模式与城市美化运动是一脉相承的(图1-25～图 1-26)。

克利夫兰（Cleveland）是另一个城市美化运动的产物，由伯奈及其合作者在1903年设计。但其原先是完全规则网格化的城市布局，对城市美化运动者来说是一个更大的挑战（大多数美国城市都是如此)。规划直接从芝加哥世博会中吸取灵感，只不过在博览会的布局中，中心广场是开敞的，而在克利夫兰(Cleveland)则是由树木和草地构成的开放广场，建筑沿四周布置，道路沿广场环行。这是最早一例为城市更新而迁移大批穷人的规划。

城市美化运动史上最为全面的规划是始于1907年的芝加哥城市规划，它是伯奈积累十年思考和经验之所得，并成为城市规划的经典。这一规划有五个重要的组成部分：

①发展区域高速干道、铁路和水上运输，加强城市间的联系；

②发展与市中心相连的滨湖文化中心；

③在两岸建设市政中心；

④建设湖滨及沿河风景休闲区；

⑤建立公园道路，并与周围林地形成完整的系统。

芝加哥规划取得了四个方面的视觉效果：

①通过加入对角斜街，打破原有严格的方格网结构；

②引入一些透视焦点；

③给建筑引入一种新古典主义的统一风格；

④把水作为一个统一城市的多样化风格的元素。

他所规划的芝加哥固然是美丽动人的，尤其是从空中鸟瞰，放射形的大道向外延伸，消逝在伊里诺伊草原中。这是一个史无前例的城市景观。“在我们的眼前是一片高大的森林，掩映着湖岸上的草地和道路。与此相对比，灿烂的绿洲向北延伸。此景之后是自然的湖岸以及穿梭于柳树间的火车。最后的背景则是壮观的平台所形成的墙体，其上藤萝垂植，雕塑点缀，台地之上是宁静的草坪所环绕的可爱的住宅”(Hall，1997年，P181)。这是一幅有前景、中景和背景的画面(图 1-27～图 1-28)。

芝加哥计划是由财团和商社支持的。从某种意义上讲，规划的商业价值迎合了开发商的利益，也是其获得支持的重要原因之一。在介绍其芝加哥规划时，伯奈以巴黎改造计划的商业价值为例，说明其大改造的商业意义(Hall，1997年，P180)：我们乐此不疲地奔向开罗、

图 1-27

雅典、巴黎和维也纳，只因为我们自己家乡的生活不如那些旅游城市舒适迷人，人们从芝加哥挣来的钱却流向那些美丽的城市。试想，如果这些资金在当地周转，其对商业零售的促进将会有多么的大。试想，如果我们的城镇是如此的令人愉悦以致于使那些有支付能力的人都进入我们的城市居住，那将给我们的城市带来多大的繁荣。因此，使我们的城市美化起来，使之对我们自己有吸引力，而更重要的是对那些造访者具有吸引力，是何等的重要和刻不容缓。

当时的美国，由于快速的城市增长和过于复杂的种族而造成城市混乱，从这样的背景来说，伯奈的芝加哥规划的出发点是非常宏伟的，它旨在通过创造一种社会秩序所必须的物质基础——通衢大道、规整的城市广场、贫民窟的拆迁和公园的兴建等，来恢复城市中已失去的视觉和生活的和谐。但这一美丽的城市最终是为谁而设计的呢？第一，它是为那些具有消费能力和向往欧洲休闲时尚的中产阶级而设计的；第二，它是为一个参观者的视觉感受而设计的；第三，它是为资本家的商业目的而设计的。其对大众的居住、学校及卫生设施几乎完全忽视了。正如牛顿(Newton)所批评的：用城市规划之三个目标，即经济、美学、健康来衡量，伯

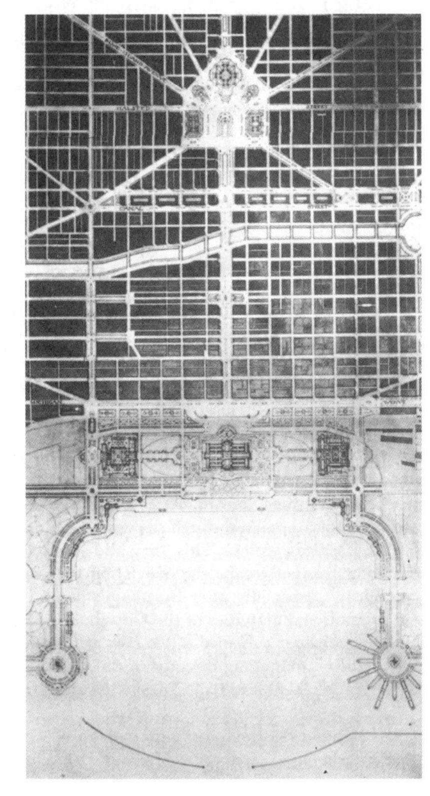

图 1-28

图 1-27 ~ 图 1-28 伯奈(Burnham)的芝加哥城市设计——一个美丽的图案。

奈的城市美化设计，美学显然具有至高无上的地位，经济性是大打折扣的，而健康则根本谈不上(Newton,1971年)。

1.3.3 教训

城市美化运动的一个幼稚和简单化的想法是通过城市设计可以轻易地解决城市的问题。其含混的社会目标和纯粹的美学途径最终使城市设计的意义弱化。归结起来，城市美化运动存在着以下几个方面的问题：

(1)“修补”一个规划很糟的城市是非常困难的：美国十六年的城市更新和美化实践证明，提出旧有城市规划整治方案要比实施这种方案容易得多，尽管在华盛顿、芝加哥和克利夫兰，城市美化的规划因做得比较全面而得以实现，但往往实施美化计划是不能全面的，而且即使实施了，其对已存在的社会格局还是会造成严重的破坏。与其说对旧城市费尽心思进行改造，不如对新建的城市或开发区投入更多的精力和关注。同时，美化运动若只限于属于政府或公共用地的市政中心和公共广场及公园，而对城市的其他广大地区，美化运动却很少光顾，这样城市的发展和更新是畸形的(Newton,1971年)。

(2)人口分布格局的改变：从芝加哥、克利夫兰及旧金山等几个城市的规划来看，城市美化运动基本上是城市中心主义的，即基于单一的中心商业核心，而不充分考虑将商业分散到城市的其他地区。这实质上是一个“商人君主的贵族式城市”，这是在美国历史上没有过的城市，导致了城市中心的过度开发和交通拥挤。因此，城市美化运动的最大问题之一是它利用大片城市中心土地用于公共目的的开发，而这里正是大量人口集居的地方，尤其在美国的本世纪初，大量农业人口和移民集中在城市中心或工厂附近。在中心城区的美化过程中，热衷于贫民窟的清除，并将其他同样需要中心地带的功能排斥掉，这就进一步加剧了人口向贫困区域集中。

(3)只迎合休闲阶级的视觉和审美趣味：尽管城市美化运动的倡导者们没有对户外空间的形成和风格作特别的强调，但运动本身都往往倾向于新古典风格。这在当时被认为是一种上流社会的风格，与美国倡导的人人平等的社会理想格格不入；缺乏文化根基，是基于视觉模仿的城市改造活动，是欧洲文化的移植。美国和欧洲在政治上的差异性，实际上是城市美化发展的一个障碍。

(4)昂贵的造价，投资巨大只为“化妆”：城市美化运动最终不能赢得大多数美国人的青睐，还因为其采用的高雅的古典风格造价昂贵，有违美国人的口味。早在1922年，当芝加哥计划以30亿美元的代价部分地付诸实施时，芒福德(Mumford)就提出尖锐的批评，将其视同集权主义的城市规划（Mumford，1961年）。

(5)过分强调视觉美化在解决社会问题中的作用：这可能是城市美化运动最大的谬误。其基本出发点是把城市的物质设计作为医治一切城市病的万灵药，在城市美化运动的模式中，规划被视同“图案”而非“未来的设想”(Lai，1988年)。它强调的是外观，给人一种视觉的印象，而产生这种印象的最强有力的工具，便是以整形、对称为特点的古典美术(Beaux-Arts)建筑。同时还忽视其他本质问题的解决：包括居住卫生、文化教育。正如，牛顿(Newton)所指出的：在当时广大市民要求社会改革、要求政府拥有公共设施，国家拥有铁路，要求妇女权利，反对政府腐败，声讨社会不公等四面楚歌之中，美术的高雅，最多不过是一种化妆和粉饰而已(Newton，1971年，P423)。

当然，公平地说，城市美化运动的倡导者们并不只考虑美观，他们也考虑舒适和人的生活，但事实是“美”成了美化的目标。伯奈在规划中也不仅仅考虑美观，他也考虑交通和经济问题——或至少是企业家和金融家关心的问题。但是，他强调建筑从根本上讲是一种造型艺术，外观先于其他一切。实际上，城市美化的倡导者罗宾逊(Robinson)和实践者伯奈都不应受到指责，他们只是对应如何统一组织城市空间提出设想，问题在于设计方法、程序，在于谁先谁后。如果一些基本的条件——如社会的、经济的、物质的——优先得到对待，然后，考虑用好的空间和形式来解决这些问题。那么，一切都是合乎逻辑和正确的。但如果先确定某种美的空间或物体的形态，并将其强加于城市功能之上，而缺乏人需要的原动力，则其美也是表面的、虚伪的，难以成为真正的“美”。

对罗宾逊和伯奈来说，由于城市美化运动与当时的两种倾向纠缠在一起，从而带来更大的不幸：其一是追求“新”奇，而这种倾向在伯奈看来便是无暇可挑的古典风格；其二，将美作为一种物质，一种来自天堂的灵丹妙药，是“丑”的克星。因而，用“美化”(Beautification)作为改进的途径。因而强调化妆，如同装饰圣诞树一样，装饰城市（Hall，1997年)。

1.4　殖民地的城市美化——帝国主义、殖民主义的权力象征和统治工具

1.4.1　背景

城市美化运动所追求的、以图案化的形式美来实现社会秩序的理由，也同样适用于美国和其他帝国在其国外的势力领地。因此，其城市美化模式也扩展到了菲律宾的马尼拉、澳大利亚的堪培拉。以后也随法国殖民主义者进入越南、摩洛哥。随英国殖民主义者进入印度的新德里。尤其是在1910～1935年间，当英国在印度的统治进入尾声

时，城市美化大行其道。这不是偶然的，殖民主义统治者为了在一个异域他方保持其统治地位，总试图想建立其统治和权威的形象冲击，来挽救没落的命运。所以，归结起来，城市美化运动在殖民地的传播，很大程度上源于以下几个方面：

(1)新兴帝国力量在国际舞台的扩张和展示：从内战中恢复过来的美国作为后起的帝国主义，在强化国内社会和政治秩序的同时，竭力在国际上树立自己的形象，并建立新的国际秩序。

(2)挽救逝去的权力与地位：英、法等老牌帝国主义和殖民主义者正日暮西下，与殖民地国家人民之间的矛盾日益突出，其统治地位正面临威胁，社会的秩序和稳定成为最大忧患。而美国的这颗星星的升空及其城市建设的成就，无疑使英、法殖民主义者效法美国，视城市美化为“良方”，以此来维护其在亚、非各殖民地政治和经济上的统治。

(3)白人为中心的优越感和对殖民地人民的恐惧：无论是新帝国主义还是老牌殖民主义，在其本土以外的势力领地上，都以一种优越民族和统治者的姿态出现，并欲在充满敌意的异域他乡建立一个安全、欢乐的“岛屿”，如同路易十四的凡尔赛。

(4)殖民地的混乱背景：殖民地社会落后、动荡，城市物质环境的脏乱差，使得追求同一和秩序成为普遍的要求。

1.4.2 实例与教训

早在1904年，因芝加哥世博会的巨大成功而名声大噪的伯奈就应当时的美国战争事务秘书长之邀，前往菲律宾主持马尼拉的规划。在其规划中，他以同样的节点加放射线的模式将铁路车站和其他广场相连。同时期，在为美国在菲律宾的殖民地夏宫Baguio所做的规划中，伯奈几乎完全不顾原有地形，将一对严格对称、规整的政府和行政中心平面强加在起伏的山地上，以创造一个帝国的形象(Newton，1971年)。1912年由美国景观设计师格里芬(Walter Burley Griffin)设计的澳大利亚首都堪培拉也同样搬用了美国当时盛行的城市美化模式，而其实现的代价同样是巨大的(图1-29)(Harrison，1995年)。

从1911～1913年间，英国在印度的统治者便请英国规划设计师在地球的另一端建立首都——新德里，其规划与相邻城市的原有结构毫不相干，而完全以巴洛克的结点放射形式，构成强烈的集权与主宰者的形象。建筑师埃德温·勒琴斯(Edwin Lutyens)和赫伯特·贝克(Herbert Baker)作为帝国主义和殖民主义建筑的倡导者，鼓吹“民族主义、帝国主义，符号性和礼仪性”的规划理念，宣扬城市规划和建设中的专制主义，在受委托承担新德里的规划时，他深感其规划理念将可以得到实现“这是世界史上和建筑史上的一件大事——即统治者应该具有力量和意识来做该做的事情。这只有在专制主义之下才有可能实现……不是印度人，也不是英国人，也不是罗马人，而必须是帝国主义者……专制万岁”（Hall，1997年，P186）。

新德里最终的规划是三个聚焦：即行政中心、战争纪念碑和火车站，似乎所有主要道路都从这些焦点发散出去，其中行政中心和战争纪念碑各有7条放射线，火车站则不少于10条放射道路，而几乎所有建筑都沿六角形的边线布置。这一规划与华盛顿的朗方特（L'Enfant）规划有相似之处，只是逊色了许多（图1-30）。

在其他英国殖民地包括南非和东非，英帝国主义用同样城市美化理念规划和建设了他们统治领地的首都如撒里斯波里（Salisbury(Harare)）、卢萨卡（Lusaka）、内罗毕

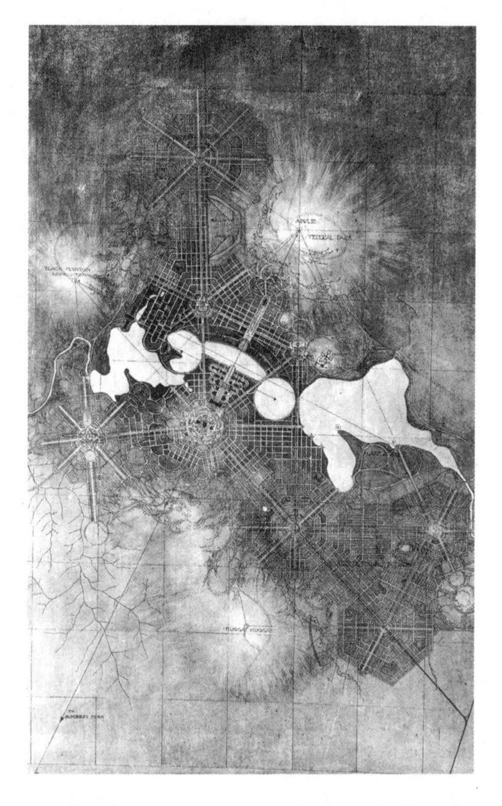

图1-29　1912年由美国景观设计师格里芬(Walter Burley Griffin)设计的澳大利亚首都堪培拉(Kostof，1991年)。

图1-30　英国殖民主义者规划的印度新德里国王大道，一条用于展示权威的景观大道(Kostof，P177)。

(Nairobi)、康帕拉(Kampala)等。在所有这些规划中，规划师们几乎只考虑白人，而非洲人则似乎是消失了，在非洲人和白人之间布置着印度人，种族主义和白人优等的观念尽显其中。如在内罗毕，欧洲人占据着城市的最好地段，即最高点，印度人次之，非洲人则被置于其他剩余的地方。

所有这些殖民主义者在其殖民地的首都规划都有一些共同的土地利用和居住格局，有一个位于中央的政府办公中心和一个与之相毗邻的商务办公区。中央购物中心则与上边两个中心相毗邻，这些都围绕一个几何道路来布局，主要道路交汇于交通环上。外围则是低密度的白人居住区或“花园城市”，其中隐约分布着大型低层豪宅。而非洲土著则往往被某种景观元素(如火车道)远远地隔离在城市的另一侧。而在20世纪，被称为“天下大乱”的反对民族隔离、反对帝国主义和反对殖民主义的浪潮却没有因为这种城市空间和景观上的秩序而减退；相反，正是这种体现压迫、剥削、专制与腐败的景观秩序，更激起了殖民地人民的反叛。

很有讽刺意义的是，被视为秩序与权威工具的城市美化，并没能维持殖民主义者的统治，而且，实际上也没能起到维护社会秩序的目的。往往在殖民主义者结束其统治后，本国政权也面临着同样的问题，因此不得不动用推土机不断清理向城市中心蔓延的贫民窟，以维持上层社会的安全，教训同样是深刻的。殖民主义的城市美化教训告诫人们，社会平等与居民生活的改善是城市景观秩序的基础，在充满贫困与疾病的社会基质与城市肌理上，一个强加的城市美化图案不但不是医治社会和物质环境混乱的灵丹妙药，相反，是引发社会混乱与不安的导火索。

1.5 城市美化回到欧洲——法西斯与纳粹的舞台、独裁者的炫耀

1.5.1 背景

20世纪30年代，是大独裁统治欧洲的时代，城市美化的阴魂在世界各地漫游了一圈之后，又回到了欧洲，也同样是为了搭一个巴洛克城市式城市美化的舞台，演一曲代价昂贵的闹剧。其主要背景包括

(1)追求国内和国际新秩序：1918年德国在第一次世界大战中失败，蒙受巨大的耻辱。随之，社会动荡不安，民心涣散。国内政治斗争十分复杂，社会面临着旧王朝的复辟，共产主义运动及国家社会主义的选择。当纳粹登上舞台后，以雪一战耻辱和振兴民族为由，对内，推行国家社会主义的政治和经济，对外，积极准备侵略扩张。意大利虽然是一战的胜利者，却是以巨额财产和生命为代价的。因此，他们在战争结束后，同样经历了严重的社会和经济问题，为墨索里尼法西

斯的独裁统治创造了机会。为寻求国内和国际的新秩序，“城市美化”强烈的视觉形式，再次被当做灵丹妙药而被希特勒和墨索里尼等新的欧洲独裁者所使用。

(2)工业化和经济的大发展：在20世纪30年代，无论是在法西斯的意大利和西班牙，还是纳粹的德国，都经历了一场前所未有的经济大发展。政治上的独裁和经济上的国家化，唤起了统治者大规模的城市建设狂想，并把这种建设成果作为唤起民族自信和自尊的教材。

(3)城市环境的恶化和城市的礼仪化：面对城市化的快速进程，法西斯同纳粹的反应是相同的，他们关于城市的理想在许多方面也是一致的。只有乡村的家庭生活才是真正健康的，因而推行小型、自足型的小城镇政策。而大都市被当作共产主义和劳工动乱的蔓延及各种罪恶的滋生地，是藏污纳垢的地方。墨索里尼曾于1928～1939年通过法律，控制人口迁移进城。纳粹的城市政策也是如此，他们把城市作为一种心理上的、具有近似于宗教意义的场所和作为一个具有魔力般功能的群众礼仪性的集会场所，而具有生产功能的人口则移居乡村。所以，从意识上城市就不是为劳动者和广大市民的生活和居住设计的，而是为展示和礼仪活动设计的，包括各种领袖出场的大型庆典、阅兵仪式等。

(4)宣扬优等民族和文化：希特勒鼓吹社会达尔文主义，宣扬优等民族理论。而墨索里尼则更是以重拾古罗马的辉煌，再造罗马帝国的秩序为幌子，鼓吹法西斯主义。这时，城市美化便成为独裁者得以借用和展示的工具。

1.5.2　实例与教训

意大利的墨索里尼首先在罗马拉开城市美化的序幕。他把城市规划作为建设纪念性城市、重现昔日古罗马帝国荣耀的工具，把近两个世纪以来的新建部分清除掉。在1929年罗马召开的居住和城市规划联合会大会上，墨索里尼号召“在五年时间里，罗马必须向全世界人展现其辉煌与风采——宏伟、规整、强大，如同奥古斯都(Augustus)时代的罗马”(Hall，1997年，P197)。墨索里尼同时下令在罗马城的玛尔塞卢斯（Marcellus）剧院和元老院及万神庙周围建造大片的广场，其他所有围绕它们的、不属于斯古罗马繁荣时代的建筑全部清除。所幸的是，因城市的传统而有机的混乱、多方的牵制、加上官员们的腐败，使规划未能附诸实施，罗马得以幸存。

在德国，决定首都柏林规划的是希特勒和纳粹建筑师斯比尔(Albert Speer)。正是通过他们，欧洲早期的巴洛克风格和美国的城市美化模式得以再次出现。希特勒少年时代渴望能进入维也纳艺术学院学习未果，更后悔没有学习建筑。但他对早期城市美化经典之一的维也纳环城景观带了如指掌，并情有独钟。对巴黎奥斯曼的新城也有

图1－31　美国的城市美化模式被希特勒用于表达一种“新的秩序”：1938年由斯比尔（Albert Speer）设计的柏林南北轴线（Kostof，P718）。

很详细的了解。希特勒对城市纪念性的执着使他对其他都忽略不计，他审查规划时，实际上只看纪念性的方面，如“那条大道在什么地方？”。他要在城市的主轴线上，用石头垒出“德国政治、军事和经济之实力”，在其辐射中心是日尔曼帝国的统治者，毗邻则是作为其权力最高表达的大型穹形大楼，为柏林市的核心建筑。“我惟一的愿望是能看到这些建筑建起来，在1950年，我们要举行世界博览会。”他追求最大、最长，通过这样，“我要让每个德国人都恢复自我尊敬(Hall，1997年，P199)。”

而斯比尔对华盛顿和芝加哥世博会的规划十分欣赏，如法炮制，也推崇伯奈的“不做小的规划”的宗旨。城市中心是一个完全几何化的、纪念性的布局，如同为空中俯视而设计。如果按照希特勒及其建筑师的规划，柏林的中世纪城市中心将完全被破坏，代之以一条南北礼仪大道，连接凯旋门和世界上最大的大会堂及行政中心。两侧建筑雄伟高大，建筑之间有宽阔的广场和绿地。通过这个，希特勒要表达一种“新的秩序”(图1－31)。然而，宏伟的规划要付诸实施则是要花费昂贵的代价的。东西轴线从1937年开始动工实施，1939年部分完工，主体建筑在1941年动工，宏伟的柏林规划实际上只落实了一条作为礼仪空间的东－西轴线，第三帝国便告失败。而极富讽刺意义的是，德国战败后，苏联在东柏林继续完成此工程，并将其命名为斯大林大道。希特勒规划建设的城市景观大道和广场却成了展示社会主义苏联的政治与军事力量的舞台。

与美国的城市美化运动一样，不管欧洲的独裁者有何等的权力与经济实力，其得到的教训也是惨痛的。这一教训告诫人们，在大地与城市尺度上的纪念性的景观展示是需要昂贵代价的，而其所能取得的真正功效却往往是相反的。

中篇　中国城市景观歧途：暴发户与小农意识下的“城市化妆运动”

本篇摘要：20世纪90年代初开始，出现于中国的城市美化运动在许多方面都与一百年前发生在美国以及随后发生在其他国家的城市美化运动，有惊人的相似之处，尽管在社会制度上有很大的不同，但其产生的社会经济背景、行为与症结都如出一辙（见下表）。这就警示我们应该以历史为鉴，避免重蹈覆辙。本章进而揭示中国当今“城市化妆运动”的本质问题，这是封建专制意识、暴发户与小农意识的反映，期望唤起国人的注意；同时也希望唤起参与中国城市规划和设计的国际同行的注意；希望在中国大地上从事设计的外国同行，要尊重和珍惜中国的土地，如同尊重和珍惜自己的土地，千万不要把他们的失败与教训在中国大地上重演；在这块土地上上演的应该是他们的经验；特别希望唤起城市建设决策者们的注意。

国际城市“美化运动”的一些共同之处及其本质问题与教训

城市美化运动历史	相似的背景	共同的表现	本质问题与教训
欧洲巴洛克城市(16世纪末~19世纪末)	①政治：中央集权制和君主制取代教会统治； ②经济：出现商业资本主义和君主商业； ③物质环境：中世纪有机城市的环境恶化； ④文化：古希腊和罗马的再发现； ⑤社会：从以宗教为核心的地方主义向国家主义过渡	强调：气派、规整、几何、装饰的形式美：包括①轴线式的景观大道；②大型礼仪和纪念广场；③纪念性、符号性建筑；④附庸风雅的华丽雕琢；⑤大型展示性公园的建设；⑥水系整治硬化、渠化和形式美化；⑦各种临时性、以礼仪和装饰为目的的街道和公共场所的美化工程	①权力欲的展示：使人变成了观众，城市居民的工作和生活条件没有得到真正的改善； ②挥霍欲的表现：美化工程耗资巨大，劳民伤财； ③唯美的追求：试图通过它来解决社会问题，改变城市面貌，而不直接去解决本质的城市功能和市民的生活问题； ④空间与社会结构的破坏 机械式的城市手术，伤害城市有机结构和社会网络，而缺乏城市更新的有机性； ⑤地方精神湮灭 机械的、几何的和模仿的形式，与城市历史文脉和有机结构格格不入； ⑥虚势与浮燥的反映：不做长期实在的、艰苦努力来根本改变城市面貌，而是只求表面化妆的短期行为，只能给后来的城市改造带来更大的困难； ⑦生态乌有：在几何与机械美原则下，自然与生态过程受到摧残； ⑧缺乏人性：刚刚摆脱神与自然力约束的“人”，却在象征权威与财富的构筑物和机械图案前失去自我； ⑨不可持续：非生态、无内涵、不经济，实质上是不可持续的
美国的城市美化运动(1893~1909年)	①政治：新兴资产阶级民主国家的兴起； ②经济：暴发户和中产阶级的出现，国家经济实力的增强； ③物质环境 急速的城市化和新移民使城市环境恶化； ④文化：欧洲的再发现，世博会的巨大形象冲击； ⑤社会：从无政府主义向帝国主义过渡		
殖民地的城市美化(1900~1930年代)	①政治：帝国主义和殖民主义者的专治； ②经济 对殖民地国家资源的掠夺和市场垄断； ③物质环境：落后脏乱的殖民地生活环境； ④文化：欧美文化的移植； ⑤社会：以少数白人为中心的社会		
欧洲独裁者的城市美化(1920~1930年代)	①政治：法西斯和纳粹独裁登上舞台； ②经济 经济快速发展，国家的经济控制 ③物质环境：快速城市化时期，城市环境恶化； ④文化：优等民族理论的宣扬； ⑤社会：民族主义兴起，新秩序的孕育		
中国的城市美化(1980年代~)	①政治：新一代城市管理者登上舞台； ②经济：改革开放带来的经济实力增强； ③物质环境：快速城市化时期，城市环境恶化； ④文化：重新发现美欧城市； ⑤社会：转型时期		

2.1　中国“城市化妆运动”的种种症结

中国的“城市美化运动”，更确切地说是“城市化妆运动”与历史上的城市美化运动相比，在规模和形式上都有过之而无不及，其典型特征是唯视觉形式美而设计，为参观者或观众而美化，唯城市建设决策者或设计者的审美取向为美，强调纪念性与展示性。这种城市化妆的盛行极具危害，已得到有识之士的关注并敲响了城市景观误区的警钟（俞孔坚、吉庆萍，2000年；陈为邦，2001年；金经元，2001、2002年；周干峙，2001、2002年；仇保兴，2002年），具体反映在：

2.1.1　“景观大道”

无论是北方大都市，还是南国小城；无论是三峡库区迁址新建的小镇，还是具有数千年历史的古都，许多城市都为建设纪念性和展示性的“景观大道”而大兴土木，它们往往以欧洲的巴洛克城市景观大道为模板，竭尽“城市化妆”之能事，强调宽广、气派和街景立面之装饰。这样的景观大道往往有以下几个问题（图2-1～图2-4）：

第一，景观大道往往同时是作为车流干道来设计的，因此，对步行的人来说是一道危险的屏障，隔断道路两侧的交通。功能交混，复杂化，导致城市功能的效率低下。

第二，这样轴线性的大道，粗暴地划破了原有城市有机体的交流网络和纤细的肌理，从而使城市发生结构性破坏，造成功能性的混乱（方可、章岩，1998年）。

第三，这样的宽广大道，往往拆迁大量居民，耗资巨大，又将传统风貌丢弃，同时破坏城市社区的社会结构，导致场所性与认同感的丧失。

第四，由于其纪念性的要求，两侧往往要求布置大体量公共和文化性建筑，否则，无论从比例、尺度上，还是道路的视觉效果上，都很难达到规划设想，而这些建筑很难在短时间内形成，从而在相当长的时段内，“景观大道”实属乌有（如北京平安大街，方可、章岩，1998年）。

更令人痛心的是，这样的景观大道往往与所谓的“亮化工程”相结合，一时间城市中几十年古老的街道、行道树被霓虹灯和各种装饰物所替代，以此为美，以此为荣（图2-5）。或曰欧洲的景观街道也没有行道树，殊不知欧洲的气候特点与我国有很大的不同。正如周干峙先生所批评的，这实际上是一种文化虚无主义的表现（周干峙，2002年）。

在一个追求气派和攀比之风盛行的城市建设思潮之下，如何避免“景观大道”瘟疫般的侵袭，关键在于设计师和城市建设的决策者能否真正从实际出发，从关怀普通人的立场来设计和建设城市。在这方

图 2-1

图2-1 ~ 图2-4　典型的城市“景观大道”：非人尺度和速度，一条人行与自行车的屏障，缺乏对人的关怀，强调形式的纪念性和化妆性（中山、深圳、珠海、上海）。

图2-2

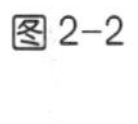

图2-3

图2-4

图2-5 某城市景观大道及道路节点的美化工程，精于雕琢，竭力展示工艺于园艺之形式美，缺乏生态性和可持续性，关注鸟瞰的图案而非平常人的体验（南方某城市）。

面，作为首届“中国人居环境范例奖”的获得者，西藏昌都中路的设计和建设也许能给一些城市的建设有所启发（俞孔坚、王建、张晋丰，2002年）。

2.1.2 城市广场

可以说自从有了聚落便有了广场，在仰韶文化的半坡遗址中，我们就可以看到位于氏族聚落中心的大房子和公共空间，那是居民们交流的场所。在那里商议重大事情；在篝火旁分享信息和交换劳动的果实；在夜光下讲述山前山后的奇遇和祖辈们的传奇，并让故事一代代地流传。随着社会和城市的发展，聚落广场的这些功能一直保留，并不断演化为广场的集会、休闲、商品交换（商业）、娱乐和纪念等功能。而无论功能如何演变，人与人的交流，人的活动和主动参与是广场的本质特征。作为城市中最主要的公共场所，也是城市设计的主要对象之一，广场已成为公众，也是学者们的关注热点（如王建国、高源，2002年；陈沧杰、邹兵、杨地等，2002年）。然而，在一个失去理性的时代和失去理智的市长面前，广场的本质含义被忘却、被背离。

曾几何时，兴建城市广场之风在大江南北广大城市兴起，或“中心广场”、或“时代广场”、或“世纪广场”、或“市民广场”。为市民提供一些活动场所本是好事，然而，许多广场往往不是以市民的休闲和活动为目的，而是把市民当作观众，广场或广场上的雕塑，广场边的市府大楼却成为主体，整个广场成为舞台布景。观众是被置于广场之外的，最好在半空之中，否则，广场优美的几何图案便难以欣赏。如同路易十四从凡尔赛的舞厅窗户可以看到花园最好的图案一样，市府主楼是最好的观景点。广场以大为美；以空旷为美；以不准上人的大草坪为美；以花样翻新、繁复的几何图案为美，全然不考虑人的需要、人的安全。

因此，以“城市美化”为目的的城市广场的兴建可能带来以下几大问题：

第一，无人空地，为广场而广场：由于城市美化的目的是为了展示、纪念及礼仪，而不是功用，因此，在许多城市中，就出现了为广场而广场的现象。也就毫不奇怪在郊外稻田之中会出现一块花岗石铺地的广场，白天烈日之下是一块连蚂蚁都不敢光顾的“热锅”，夜晚则是华灯下的一片死寂。即使是城市中心的广场，设计者和管理者也往往力图将商业活动、居民的日常生活排斥在外，以追求纯粹的形式美。广场成了无人的空地（图 2−6～图 2−11）。

第二，非人性广场，缺乏对普通人的关怀：以“城市美化”为目的城市广场往往忘却广场是为使用者而设计的，这些使用者是普通百姓，他们是有人性的。他们既不是坐在市政大厦中俯瞰广场的市长，也决不是坐在空调车内绕场一周视察的官员和富豪。而我们所常见的广场恰恰只能从大厦高空俯瞰和供坐车观花的广场。他们无树阴供人遮阳，无安静场所和座椅供人休闲，铁丝网将人拒之广阔的草地之外，热衷于抛光大理石和花岗石铺地，却使市民举步维艰，雨雪之后，更成为不敢光顾之地，更有甚者，为图美化广场上常可见悬崖险境（图 2−12～图 2−20）。

第三，金玉堆砌，以贵为美：把材料的价值与广场的质量视为同一，甚至将户外广场当作室内厅堂来做，刨光的花岗石地面，精雕的汉白玉栏杆，可谓集古今中外帝王都城及宫廷之华丽，昂贵之至。不惜巨资，修建大型喷泉、华灯以及各种莫名机关（如转动的舞台之类），而往往又不堪可观的日常运行费，不得不闲置或偶尔做做展示。广场往往被作为收奇猎趣的场所，模仿的图案化的城市广场，往往没有场所性和地方性特色，实际上是对城市形象和地方精神的污染，特别在历史文化古城，这一问题尤为突出，并已广泛引起注意（董明、张琴，1996 年；耿宏兵，1999 年；阮仪三，1996、2001 年；张杰，1996 年）（图 2−21～图 2−26）。

第四，空间和社会结构的破坏：如果在城市中心地带，则往往拆迁量巨大，投资动辄上亿，并使成千上万人离开故土，迁往新区，社会结构遭到破坏（艾丹，1998 年；董卫，1998 年；刘阳，1998 年；倪岳翰，1998 年；谭英，1998 年）。

第五，土地资源的浪费：与其他同样需要城市中心土地的功能如

图2-6

图2-7

图2-8

图 2-9

图 2-10

图 2-11

图 2-6 ~ 图 2-11　看不见人的广场，为广场而广场：在“为人民服务”标语前的无人广场，广场成为市政大楼前或是山岭中的一个摆设，广场作为人与人交流场所的本质意义被忘却（江苏某市、青岛、长沙、广东某市等地）。

图 2-12

图 2-13

图 2-14

图 2-15

图 2-16

图 2-17

图2-18

图2-19

图2-20

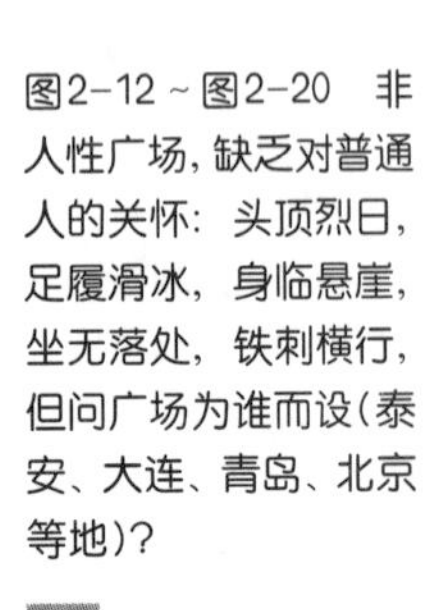

图2-12～图2-20　非人性广场，缺乏对普通人的关怀：头顶烈日，足履滑冰，身临悬崖，坐无落处，铁刺横行，但问广场为谁而设（泰安、大连、青岛、北京等地）？

图2-21

图2-22

图2-23

图 2-24

图 2-25

图 2-26

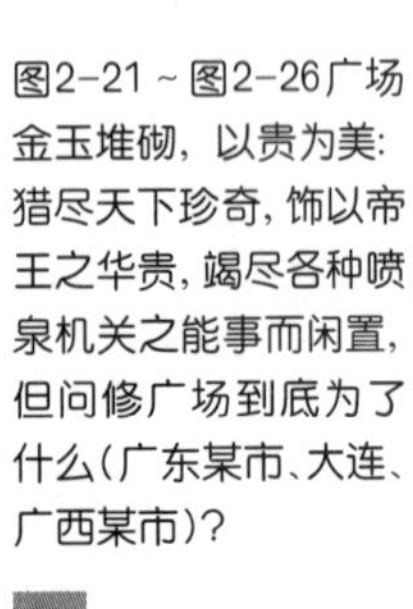

图2-21～图2-26广场金玉堆砌，以贵为美：猎尽天下珍奇，饰以帝王之华贵，竭尽各种喷泉机关之能事而闲置，但问修广场到底为了什么(广东某市、大连、广西某市)？

商业需要相竞争，造成土地资源的浪费，并使城市的整体有机性受损。

要使我们的城市广场具有意义，必须重新认识城市广场是“人性场所”（People place）（马库斯等，2001年）。这里的皮普(People)是指普通的人，具体的人，富有人性的个体，而不是抽象的集体名词“人民”。现代城市空间不是为神设计的、不是为君主设计的、也不是为市长们设计的，而是为生活在城市中的男人们、女人们、儿童们、老人们，还有残疾的人们和病人们；为他们的日常工作、生活、学习、娱乐而设计的。西方城市也曾经历过为神圣的或世俗的权利及其代表而设计的时代，那是恢弘的、气派的、令人惊叹的。但它们离普通人的生活是遥远的。我们必须重新认识，这些普通人应该如何在景观设计和城市建设中得到关怀，因为，他们才是城市的主人。

另一个词是“Place”，即场所或地方。现代人文地理学派及现象主义建筑学派都强调人在场所中的体验，强调普通人在普通的、日常的环境中的活动，强调场所的物理特征、人的活动以及含义的三位一体性。这里的物理特征包括场所的空间结构和所有具体的现象；这里的人则是一个景中的人而不是一个旁观者；这里的含义是指人在具体做什么。因此，场所或景观不仅仅是让人参观的、向人展示的，而是供人使用、让人成为其中的一部分。在这里，我们需要反省的是正在全国各大城市开展的轰轰烈烈的形象工程，更确切地说是城市化妆工程。场所、景观离开了人的使用便失去了意义，成为失落的场所（俞孔坚，2001年）。

2.1.3　城市河道及滨水地带的“整治”与“美化”

每一个城市的形成和发展都与其所在地的水系紧密相关。历史上它们具有防御、运输、防洪、防火和清洁城市等功能，同时，它们是多种乡土生物栖息地和空间运动的通道和媒介。城市水系更是城市景观美的灵魄和历史文化之载体，是城市风韵和灵气之所在。每一条城市河流至少有四种重要的功能：

第一，她是一条生态廊道：是水和各种营养物质的流动通道，是各种乡土物种的栖息地，在现代景观生态学意义上，河流廊道具有维护大地景观系统连续性和完整性的重要意义（Forman，1995年；俞孔坚、李迪华，1997、1998年）（图2-27～图2-28）。

第二，她是一条遗产廊道：城市的历史与文化常常与城市河流密不可分，故事与古迹往往沿河道发生和留存（图2-29～图2-30）。

第三，她是一条绿色休闲通道：是未来城市居民步行、自行车的最佳通道，也是未来郊游的最佳场所（图2-31～图2-35）。

第四，她是城市景观界面：是人与自然、人与人、城市与自然交流的场所，从视觉和景观认知的意义上讲，是一条不可或缺的边

图 2–27 ~ 图 2–28　河流作为生态廊道，是多种乡土生物的栖息地和迁徙通道，是大地景观的血脉（美国黄石公园、湖南武陵源风景区）。

图 2–27
图 2–28

图 2–29　河流作为遗产廊道，是城市文明的轨迹和故事脉络：横贯中国南北的京杭大运河，两岸分布着众多的城市和乡村、君主行宫和航运码头，讲述着隋代以来的帝王和平民的浪漫或悲怅的历史与故事，是中国大地上的一条遗产廊道（京杭大运河，中段）。

图 2–30　北京长河，联系北京紫禁城与西郊皇家园林的通道，沿途分布着众多的水闸、庙宇、行宫和碑记，讲述着元明清历代帝王和北京城市发展的历史，是一条难得的市域遗产廊道。

图 2–29

图 2–30

图2-31　河流作为绿色休闲通道 英国伦敦泰晤士河。

图2-32

图2-32～图2-33　河流是作为绿色休闲通道：美国华盛顿波托马克河，一个理想的郊游场所。

图2-33

图2-34　美国波士顿，查尔斯河边的休闲自行车道。

图 2-35　瑞典斯德哥尔摩的滨河绿地。

框，即凯文·林奇所谓的边界（Lynch，1960 年），如同一幅风景画，绿色的河流廊道使城市有一个清晰的画框，她也使美丽的城市着装有了边幅和忽然生动(图 2-36 ~ 图 2-39)。

第五，她是城市生活的界面：展示市民生动的日常生活。

然而，如同身体之血脉、衣着之边幅的城市水系，在我们的城市建设中并没有得到应有的尊重和善待。陆路交通的发展及自来水和城市消防设施的完善，城市水系原有的功能已大部分消失，水系得不到

图2-36～图2-38　河流是人与人，城市与自然，人与自然交流的界面，一个生动的展示城市居民生活的界面（湘西凤凰古城沱江、云南丽江）。

图 2-36

图 2-37

图 2-38

图2-39 河流是城市形象和认知空间的边界(广东中山石岐河)。

应有的珍视。曾几何时，城市水系似乎成了包袱，阻碍了“卫生城市”、“园林城市”和“旅游城市”等称号的争夺。于是乎，大江南北掀起了城市水系治理和“美化”的高潮。一种落后的、源于小农时代对水的恐怖意识和工业时代初期以工程为美的硬化、渠化理念，正支配着城市水系的“美化”与治理。

同历史上多次城市大建设中给我们留下的遗憾一样(如古建和城墙的拆除，古树的砍伐等)，在今日史无前例的城市大建设中，由于对城市水系的虐待以及对其功能和价值的无知，已经、正在或即将造成许多令人痛心的遗憾。这些遗憾，也是许多发达国家曾经有过，而且正以昂贵的代价来挽回和弥补的。概括起来，我们目前不但没有善待城市水系，而且，在河道治理和“美化”旗帜下的工程中，许多是错误的，有的错误是不能为我们的后代所原谅的。归结起来，有九大忌（俞孔坚，1999年）。

（1）大忌之一，污染和遗弃。水系被当作排污通道、垃圾场而遭污染、被遗弃。此害人皆公识，不必赘述（图2-40～图2-41）。

（2）大忌之二，河床被掠夺性开采。挖沙取石，使昔日美丽的河道面目全非，并危及河道安全（图2-42～图2-43）。

（3）大忌之三，空间胁迫。河道往往因为不涉及居民搬迁问题，或因地势较为平坦，而被道路和建筑所侵占（图2-44～图2-45）。

（4）大忌之四，裁弯取直。古代“风水”最忌水流直泻僵硬，强调水流应屈曲有情。而许多城市的水利部门却片面地强调河道一时的行洪能力，将河道裁弯取直，以便洪水来时，恨不得让河道如抽水马桶，一泻千里(图2-46～图2-47)。要知道，只有蜿蜒曲折的水流才

图2-40

图2-41

图2-42

图2-40～图2-41　城市河道普遍被污染和遗弃（北京、广东）。

图2-42～图2-43　河床被掠夺性开采 儿童时代美丽的河床曾经给我多少难忘的、充满诗意的体验，而今却已成了噩梦（浙江金华白沙溪）。

图2-43

图2-44

图2-44～图2-45　空间胁迫 河流廊道被侵占和挤压（湖南武陵源索溪峪、上海长宁区）。

图2-45

有生气，有灵气。现代景观生态学的研究也证实了弯曲的水流更有利于生物多样性的保护，有利于消减洪水的灾害性和突发性（Forman，1995年）。

（5）大忌之五，水泥护堤、衬底。大江南北各大城市水系治理中能幸免此道者，几乎没有。曾经是水草丛生、白鹭低飞、青蛙缠脚、鱼翔浅底，而今光洁的水泥护岸，已是寸草不生，就连老鼠也不敢光顾。水的自净能力消失殆尽，水－土－生物之间形成的物质和能量循

图2-46～图2-47　裁弯取直：蜿蜒多情的河流残忍地被裁弯取直，于是，城市不再动人（浙江义乌、广东东莞樟木头）。

图2-46

图2-47

环系统被彻底破坏。河床衬底后切断了地下水的补给通道，导致地下水文地位不断下降。自然状态下的河床起伏多变，基质或泥或沙或石，丰富多样，水流或缓或急，形成了多种多样的生境组合，从而为多种水生植物和生物提供了适宜的环境。而水泥衬底后的河床，这种异质性不复存在，许多生物无处安身。许多城市在水系治理中，偏面强调水系的防洪、泄洪和排污功能，将水系裁弯取直后以钢筋水泥护衬，以为这便是将水系"治服"，以图一劳永逸，错莫大焉（图 2-48 ~ 图 2-57）。自然的水系是一个生命的有机体，是一个生态系统，它需要一个好的环境方能维持健康。水泥衬底和护衬之后，使水系与土地及其生物环境相分离，失去了自净能力，从而加剧了水污染的程度。相反，如果利用水系形成一个生态系统，则可成为一个城市中多种生物的栖息地，同时可以净化水质。实际上，在大地景观中，生态健全的水系构成绿色通道网络，恰恰最具有蓄洪、缓解旱涝灾害的能力。

（6）大忌之六，高坝蓄水。至少从战国时代开始，我们的祖先就已十分普遍地采用做堰的方式引导水流用于农业灌溉和生活。秦汉时期，李冰父子的都江堰工程是其中的杰出代表。这种低堰只作调节水位，以引导水流，而且利用自然地势，因势利导，这样既保全了河流的连续性，又充分利用了水资源，决非高垒其坝拦截河道。事实上，河流是地球上惟一连续的自然景观元素，同时，也是大地上各种景观元素之间的联结元素。通过大小河流，使高山、丛林、湖泊、平原直至海洋成为一个有机体。大江、大河上的拦腰水坝已经给这一连续体带来了很大的损害，并已引起世界各国科学家的反思，迫于能源及经

图 2-48

图2-50

图2-49

图2-51

图2-52

图2-48～图2-53　河流治理之大忌：水泥护堤、衬底。河床被清除去泥土和乡土杂草，河道被拓宽，两岸林带被砍去，代之以水泥护堤和衬底，种上鲜花和草坪，结果如何？不尊重生态，不尊重自然，可谓劳民伤财（北京清河治理前后及过程）。

图2-53

图2-54

图2-54～图2-55　河流治理之大忌：水泥护堤，缺乏理智与感情的治洪之道使杭州的钱塘江已不再美丽。长江、珠江又何尝不是如此？悲乎，我们的母亲河；悲乎，自恃万物之灵的人类。

图2-55

图 2-56

图 2-57

图2-56～图2-57　自然的河堤被雕琢的人工铺装所替代，使人远离自然，本来生机勃勃的水际变得寸草不生（大连、广东中山）。

济生活之需，已实属无奈。而当所剩无几的水流穿过城市的时候，人们往往不惜工本拦河筑坝，以求提高水位，美化城市，从表面上看是一大善举，但实际上有许多弊端，这些弊端包括：

其一，变流水为死水，富营养化加剧，水质下降，如不治污，则往往是臭水一潭，丧失生态和美学价值。

其二，破坏了河流的连续性，使鱼类及其他生物的迁徙和繁衍过程受阻。

其三，影响下游河道景观，生境遭到破坏。

其四，丧失水的自然形态，水之于人的精神价值决非以量计算，水之美在于其丰富而多变的形态，及其与生物及自然万千的相互关系，城市居民对浅水卵石、野草小溪的亲切动人之美的需求，决不比生硬河岸中拦筑的水体更弱，关于这一点，最近北京大学景观设计学研究院的一项心理统计实验给予了足够的证据（黄国平等，2002年）。城市河流中用以休闲与美化的水不在其多，而在其动人之态，其动人之处就在于自然（图 2–58）。

图 2–58　不幸被拦腰截断的水流，河流失去了本来的天性，并从此不再妩媚（西安铲河，一条充满诗意与传说的河，一条曾经是哺育半坡人和仰韶文化的河）。

（7）大忌之七：盖之。将明渠变成暗渠，其上筑马路或搞建筑和“美化”工程。尽管水仍在流，但其结果同样使城市环境的美化和生态化失去了最宝贵的资源。殊不知，水系之存在不仅仅因为其流水，更重要的是以水为特征的生态系统和生活空间。而与此同时，在城市的某个角落人们又在乐此不疲地耗巨资挖湖堆山，人工造水。令人百思不得其解（图 2–59 ~ 图 2–60）。

（8）大忌之八：断之。许多城市的水系，本来是一个连续体，它们与湿地、城郊湖泊和山林形成一个完整的景观体系。它们为城市的整体景观设计提供了一个蓝本。同时，它是一个生态系统的“基础设施”，成为多种乡土生物的栖息地和通道，当然也为城市居民提供了一个连续的康体休闲空间和环境认知空间。然而，这一连续体却常常在城市建设中被切割，被断之，从而使活水失去生命（图 2–61）。

（9）大忌之九：填之。把水系，污水甚至清流填去，用作马路或盖房子或种花草，并以此为美，是城市之最大不幸，也是城市居民的

图2-59

图2-59～图2-60　当河流被盖上的时候，如同将美丽的少女关入牢笼。连作为天府之源的四川都江堰的内河（图2-59）和以泉城著称的济南（图2-60）都如此这般将自己最具特色和灵气的水流盖去，全国其他城市的水系又将以何脸面见人？

图2-60

图 2-61

图 2-61～图 2-62　河流被切断，被填埋：城市扩张的“三通一平”过程中，往往把填埋河道作为获得土地的便宜途径，更有甚者，河道洼地常被当作方便的垃圾填埋场（温州、沈阳）。

图 2-62

最大不幸。表面上看，填去污水，可以使城市变得卫生、清洁，使城市多一份土地，多一块绿地；然而，在填去水系的同时，也填去了城市中最具生命的部分，填去了儿童的梦境，填去了城市的诗意，也填去多少人所以称某一地方为“家”的维系和认同感。与之相反和值得我们深思的是，西方国家正在掀起一个重新挖掘以往填去的水系，再塑城中自然景观的热潮，实现可持续的城市。然而，这一否定之否定的认识却使我们付出了多少昂贵的代价。中国的城市建设为何要走这条老路？因为我们的认识存有局限（图 2–62）。

简而言之，治河之道在于治污，而决不在于改造。城市水系治理与美化的根本之术在于消除、截流污水，还水系以自然本色，并加强其生态、文化和休闲功能，使其成为每个城市的特色，这是大自然所赐予的，也是城市文明之象征，应慎用工程措施。强调不要以单一的“美化”目的、卫生目的和防洪目的，将城市中最具灵气的自然景观元素糟蹋，而应以生态为主线，综合环境保护、休闲、文化及感知需求进行治理。

与河流一样，造物主给了我们如此漫长而美丽的滨海带和众多的湖滨带：有泥滩、沙滩和石滩，我们也因此乐于奔向她们。然而，她们并没有得到善待。紧迫水体的防洪堤和防波堤越做越高，钢筋水泥构成的生态沙漠取代自然水际丰富多样的生命栖息地，人与水、水与生物、人与生物被彻底隔离，这是人类的悲哀。而更悲哀的是，正当西方国家吸取大量的教训，已经意识到这些错误，并已在大规模地拆毁硬质工程、恢复水际自然形态的时候，我们却在做完全相悖的事（图 2–63 ~ 图 2–74）。

图 2–63

图2-63～图2-66　造物主给了我们如此漫长而美丽的海滨和湖滨：有泥滩、沙滩和石滩，我们也因此乐于奔向她们（依次为：海口、温州南麂列岛、烟台和大连）。

图2-64

图2-65

图2-66

图 2-67　我们没有善待造物主的恩赐：肆意污染（青岛）。

图 2-68

图2-69

图2-68～图2-69　临海建房（青岛、深圳）。

图2-70　滨海开山筑路（温州南麂列岛）。

图2-71

图2-71～图2-72　迫海筑高堤（青岛）。

图2-72

图 2–73

图 2–73～图 2–74　号称“情侣路”的珠海滨海带，由于占海筑快速干道和迫海高筑防波堤，将人与海、海与城隔离，再加上形式化、园艺化的绿化美化方式，大海的动感与浪漫早已荡然无存。

图 2–74

2.1.4　为美化而兴建公园

城市兴建公园和绿地，这本身是件好事。但是，“城市美化”思想指导下的公园建设则是与真正意义上的公园绿地目标相违背的，这样的公园强调的是纪念性、机械性和形式化、展示性。具体表现在：

第一，为公园而公园：把公园绿地从城市有机体中分割出来，把公园作为有大门、有围墙的城市摆设或“盆景”，不允许其他用地的存在。因此，城市中心地带建公园往往需要动迁居民、拆商铺、封大道，似乎只有这样，公园才称之为“公园”，才可以做装饰，才可以收门票。而与此同时，在新的居住区和开发区，地产开发商们都在充分利用红线内的每一寸土地，增加建筑面积。于是乎建筑是建筑，广场是广场，公园是公园，居住区是居住区（图2-75～图2-80）。而事实上，城市绿化的真正意义在于为城市居民提供一种休闲和生活及工作的环境，而不是主题游乐。城市绿地应作为城市所有功能用地的有机组成部分，更确切地说，是不同用地功能之间的粘结剂，它是城市景观的生命基质。

第二，人工取代天然：美国风景园林对世界风景园林的最大贡献之一是将自然原野地作为公园。而这种先进的思想却往往以“国情”为由，被拒之于千里之外。“玉不琢不成器”的“造园”思想，成为中国“城市美化”中的一大特色。当城市规划将城郊某片山林划为“公园”时，“美化”的灾难便迟早随之降临。随后，落叶乔木被代之以“常青树”；乡土“杂灌”被剔除而代之以“四季有花”的异域灌木；“杂草”被代之以国外引进的草坪草；自然的溪涧被改造成人工的“小桥流水”；自然地形也被人工假山所替代。即所谓公园当作花园做，把

图2-75

图 2-76

图 2-77

图 2-78

图 2-79

图 2-80

图 2-75 ~ 图 2-80　公园为谁而建？一方面城市居住区拥挤不堪，几无喘息之地（图 2-75 ~ 图 2-77）；另一方面，我们又在人迹罕至的地方或并不能让大众日常享用的地方大肆铺张，兴建公园、绿地和花坛（图 2-78 ~ 图 2-80），这是在各大城市中普遍存在的问题。

仅有的自然地也要改造成花园式的公园（俞孔坚，1998年）（图2-81～图2-85）。

第三，公园作为展示舞台和旅游点：以造一个旅游点的目的来造公园，已成为许多城市的一个通病。因此，造公园就成了造景或造娱乐园。似乎没有奇花异木、珍奇古玩就不成其为公园。似乎拍照留影成了建公园的主要目的（图2-86～图2-87）。

图2-81

图2-82

图 2-83

图 2-85

图 2-84

图 2-81 ~ 图 2-85　人工取代天然：劈山建公园，除掉本土草木而栽异地奇花异草，挖去天然岩石代之以瓷砖、大理石，这种现象普遍存在于各个城市和风景区中，与改善人居环境的目标背道而驰（依次为张家界国家森林公园中的瓷砖“大氧巴广场”；云南石林风景区将自然景观改造为人工草坪、花坛；深圳、大连和江门的公园绿地）。

图2-86～图2-87　公园作为展示舞台和旅游点（依次为大连、苏州、昆明世博园）。

图 2-86

图 2-87

2.1.5　以展示为目的的居住区美化

一个优美的环境会给居住者的身心健康带来莫大的益处，美化居住环境本身是值得称道的。然而，踏遍神州大地，近年来新建的居住区中，真正为居住者的生活和栖居而美化的社区并不多见。不完全地讲，目前居住区的美化有两种导向：

第一，“样板示范区”导向的美化：其美化的目的是为了展示政府的政绩，是为了领导视察和供人参观。

第二，商利导向的美化：地产开发商已认识到环境美化的商业价值，试图通过美化来招徕住户。

这两种美化导向都把居住者和居住环境作为展示品，因而带有城市美化运动的通病，即注重展示性和视觉形式，特别是盛行一时的古典欧陆风，照搬各种风格的“西洋镜”，而忽略了环境美化对居住者的日常生活和居住的意义。于是乎，出现了空旷的小区绿地、草坪、花坛叠水、树雕泛滥，瓷砖、花岗石铺地，如同城市广场。而缺乏乔木供人庇荫，也缺乏儿童游乐设施、老人休闲场所和青年人的体育场所。由于美化的目的有偏，导致了居住区美化走入歧途（图 2-88 ~ 图 2-96）。

图 2-88

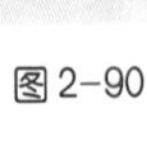

图 2-90

图 2-89

图2-88～图2-91
“西洋镜”式的居住区：哗众取宠，商利导向，失去自我的化妆方式。

图2-91

图2-92

图2-93

图 2-94

图 2-95

图 2-96

图2-92～图2-96　展示性的居住环境 追求视觉效果，供人参观，缺乏对居住者的关怀。

2.1.6　大树移植之风

尽管修路砍树和修渠砍树的现象在各大城市中时有发生，几十年树龄的老树一夜之间只剩树桩，毕竟容易暴露，且与市民关系直接，是非易辨，从而引起广大百姓和媒体的普遍反对。相反，大树移植似乎是城市绿化美化的一个速成法和“为民办实事”的有效之举，不但很容易获得广大市民的认同，各种媒体也将其作为好的经验积极报道，推波助澜，可谓“忽如一夜春风来，老树大树进城来”。殊不知其中祸患之多，胜于益处（图2−97～图2−105）：

图2−97

图2−98

图 2-99

图 2-100

图 2-101

图 2-102

图 2-103

图 2-97 ~ 图 2-105
大树移植记：急功近利、令人震惊的大树移植之风：百年甚至千年古树被掘起，被牟取暴利的商家囤积，为使其存活，截去枝叶，好大的一棵树，只剩一副枯骨。幸免存活者，便被购入城市，成为城市化妆的饰品，或堆砌在公园内，本质上与断臂的维纳斯和裸体的大卫没有区别。呜呼，“城市美化”如此病态，大地将为此哭泣（湖南、浙江、山东、江苏）。

图 2-104

图 2-105

祸患之一：拆东补西，只为脸上贴金。许多城市的“大树”、“古树”，往往不是取之苗圃。实际上，由于几十年来，各城市对苗圃建设的投入远远滞后于城市建设之需要，苗圃本无大苗。这些大树往往来自农村的宅前屋后，或农田林网，或山区森林，或城区“非重要地段”。所以，实际上是一种以牺牲异地环境为代价的，拆东墙补西墙的行为，强调局部“重点工程”只为脸上贴金，不管败絮其中，对改善城市及大地环境有害无益。

祸患之二：摧残生命，劳民伤财。龚自珍在《病梅馆记》中通过悲叹人们对自然梅花的摧残，讽刺了其时的病态心理。以此来形容现代城市美化绿化中的大树移植之风，也十分贴切。生长几十年、上百年的大树可谓根深叶茂，与生长地形成了一种非常好的适应关系，而要将其移栽成活，必须伤筋动骨，以保证其上下水分平衡，去其根系，删其枝叶，所剩十不足一，加之长途运输，能成活者可谓大幸。即便成活，好一棵参天大树，只落得个断臂之维纳斯，美其名曰：古树桩景。悲哉！城市化妆病态心理如此。如此折腾，只为此地绿化、美化之速成，耗资无计，少则几千，多则几十万元一株，可谓劳民伤财，本来有限的财力，竟如此为搏一笑。

祸患之三：生态恶化，助邪遏正。每一棵大树都是一个完整的生态系统，它与生长地的土壤、土中的生物、树下地被、树上的鸟兽昆虫，形成了良好的共生关系，生态关系趋于和谐。而将大树移开其生长地后，整个群落的生态关系必将受到严重破坏，地被遭毁，鸟兽无居，更直接的恶果是水土流失，殃及区域环境，与其改善城市局部生态环境相比，可谓得不偿失。更有甚者“速绿”导致了不少人走向“速富”的道路，于是引导人们不是去认真培植和经营苗圃，而是将其作为囤积倒卖外来大树古木之场地，致使本来奇缺的苗圃基地丧失了其应有的功能，其害可谓深矣。

简言之，病态的城市化妆心理，导致了病态的大树移植之风盛行，若不引起重视，祸害无穷（陈俊愉等，2001年）。

除此之外，“城市美化”还表现在其他许多方面，包括灯光工程、“雕塑”一条街、“雕塑”公园等等。作为城市艺术，它们在许多方面是有积极意义的，但如果是为追求美化而去“美化”的话，结果会适得其反。

2.2 20世纪末中国“城市化妆运动”产生的背景剖析

考察“城市化妆运动”在中国产生的背景，可以概括为以下几个方面：

(1)城市化进程加速，城市环境恶化：解放后，近30年的城市控制政策，特别是1966～1977年文化大革命期间的反城镇化政策，使中国的城市建设滞后；20世纪70年代末至20世纪80年代初开始，城市人口的急速膨胀，导致城市环境急剧恶化，城市开放空间、城市公共设施、交通设施都严重不足。城市的破烂、拥挤和肮脏，客观上呼唤城市改造与美化。饱受旧城市之苦的城里人与刚刚离开黄土地涌入城市的亿万中国农民一起，抱着对工业文明的向往，把高楼大厦、复杂的立交桥、气派的城市广场，以及几乎所有远离农田和“可怖的自然景观”（如河流）作为追求的理想城市景观。城市空间扩张史无前例，巨大的市场需求使长期的生态和可持续发展利益服从于短期的经济利益，大量自然地和农田迅速变为城市建设用地(图2-106～图2-114)。

图2-106

图2-107

图 2-106 ~ 图 2-108
目前，中国人追求的理想城市景观：纽约、巴黎和香港。

图 2-108

图 2-109

图 2-109 ~ 图 2-110
深圳：1997 年和 2002 年。以深圳河为界，赶超和镜像香港，成为中国大规模城市景观建设的一个重要模范。

图 2-110

图 2-111

图 2-111 ~ 图 2-112　上海旧城和浦东新城：告别里弄，追赶世界最大最高(图 2-112 背景为金茂大厦和东方明珠)。

图 2-112

图 2-113 ~ 图 2-114
北京在追赶上海浦东告别胡同，争夺国际大都市地位。

图 2-113

图 2-114

(2)经济实力有所增强：改革开放，使中国的城市经济实力大大提高，有了一定财力来进行城市建设。社会主义的中国，如同当年的美国一样，急于向世界展示其建设成就。但是，经济实力的增强同客观的需要相差又太远，于是只能忍痛搞点表面文章，实际上是外强中干，君不见许多市政府的工程款拖欠累累？

(3)招商引资的需要：城市形象的塑造和城市环境的改善有利于招商引资，这已为广大的城市管理者所认识。在资金有限的情况下，以一两项“形象工程”作为宣传之用。因此，城市美化本身便成了目标、参观者，而不是使用者，便成为了取悦的对象。

(4)对同一与秩序的追求：不必讳言，中国城市的社会和经济结构正处于转型时期，在充满活力的社会主流下，潜伏着某些不安和浊流。社会安定和秩序便成为所有城市管理者压倒一切的任务，而“城市美化”则再一次被认为是一味灵丹妙药。

(5)重新发现西方世界：随着国门的逐渐开放，一批批领导和专业人员出国考察、参观。半月～一月的国内参观团已在欧美的旅行社上有了固定的节目，尽管是走马观花，却看到欧美一百年来城市建设的成就，印象最深的莫过于法国巴黎的景观大道和美国华盛顿中心纪念性绿带，以及欧美各大城市的中心广场，市政及公共建筑，尤其是巴洛克城市的广场、景观走廊、纪念性建筑以及其他城市美化的遗物。它们给了参观者非常强烈的视觉冲击，而事实上这些纪念性的城市设计本来就是为了让游客参观。因此，它们就理所当然地成为临摹的样板。殊不知，这些城市景观大多数是百年以前规划设计思潮的产物，早已落后于时代。

(6)追求政绩的：年轻一代的城市管理与决策者，正以充沛的精力和强烈的事业心登上新时代的舞台，他们急于通过城市形象的改变来显示自己的政绩，树立新的权威。因此，城市中心地段和最引人注目的关键地段的“破烂摊子”便成为靶子。于是便有了城市中心广场，城市“景观大道”。城市决策者们急欲改变城市破烂面貌的意志本身是值得赞扬和敬重的，但如果不把解决城市基本的居住与生活的功能问题放在首位而片面地将其作为彰显政绩的手段，或好大喜功地进行与经济实力不相称的美化工程，则只能给城市机体留下并不光彩的印记（金经元，2002年）。

(7)专业人员的软弱无力：大部分城市的专业设计队伍在强劲的城市美化运动中显得软弱无力，甚至推波助澜。一方面因为规划设计和管理部门在市长们的直接领导之下，许多情况都迫于压力，而只能成为市长们宏伟城市美化计划的绘图工具；另一方面，由于长期缺乏国际交流，专业人员自身的理论与专业修养也有很大的局限性（吴良镛，1996年），往往只能模仿国外的照片，许多情况下还是利用市长们拍回来的图片，以此来设计想像中的城市景观。所以，实际上是市长们在设计城市。

2.3　中国“城市化妆运动”的本质根源

2.3.1　文化的积垢：封建专制意识

中国的封建专制早已被共产党领导的人民民主专政所取代。但必须认识到，中国封建专制文化积垢深厚，早在国家初成的商周时代就已现端倪（冯天瑜等，1990年），一直延续到辛亥革命推翻清朝封建统治，持续达三千多年。以后，北洋军阀和国民党统治中国近四十年，专制统治依然换汤不换药。新中国成立至今虽已有半个多世纪，但与中国漫长的封建专制制度历史比较，仍然显得短暂。所以，尽管封建专制的体制已经结束，但封建专制的文化意识，特别是官僚主义仍然根深蒂固地存在于整个社会的潜意识中，并在新的历史时期，有了一些新的特点。关于这一点，新中国的三代领导人都有十分精辟的论述。邓小平深刻地指出，“我们现在的官僚主义现象，除了同历史上的官僚主义有共同点外，还有自己的特点”，它“同我们长期认为社会主义制度和计划管理制度必须对经济、政治、文化、社会都实行中央集权的管理体制有密切关系”（邓小平文选，卷2，347、328页）。

归结起来，封建专制意识的以下几个方面在城市建设中非常有害：

（1）长官意志：“能独断者，故可为天下主”（《韩非子，外储说》），中国三千年的封建专制历史，在社会潜意识中形成很厚的积淀。封建时代的“君尊臣卑”和“官无私论，士无私议，民无私说，皆虚其胸以听于上”（《管子，任法》），举国上下，皆以君主之是非为是非的专制文化，在当代的城市建设中则表现为“谁官大谁说了算”，“听上面的”。以致于唯官是从，官大于法，城市景观变成了市长个人意志的体现，从而有了如上所述的城市景观：讲究气派、展示和纪念性。

（2）草民意识：长官意志与草民意识是封建专制意识的一个硬币的两面。在封建专制时代，君主和官僚治理民众如放牧禽兽一般，“夫牧民者，犹畜禽兽也（《淮南子，精神训》）”。事实上，在汉、魏、六朝所设的州郡行政长官，就称“牧”。关于这一点，马克思一语道破：“专治制度的唯一原则就是轻视人类，使人不成其为人”（马克思恩格斯全集，第一卷，第411页）。这种封建专制意识，作为官僚主义的潜意识还会经常影响着城市建设，使城市景观根本漠视普通居民的存在，不是为他们的日常生活和需要服务，而是为获得上级的欢愉不惜牺牲万民的利益。因此，有了非人性的甚至是无人的广场和其他远离居民日常生活的城市景观。

封建君主意识和官僚主义本质上是以小农经济和小生产为基础而产生和发展的，它们“同社会化大生产是根本不相容的”（《邓小平文选》第二卷，第150页）。所以，在中国社会没有根本上摆脱小生产经济之前，这种封建官僚意识还将长期存在，而且，社会发展越落后的城市，封建专制意识将越严重，城市景观建设所面临的危机也将越严重。同时，用马克思主义的物质决定意识的认识论来讲，我们也必须认识到，即使是进入社会化大生产甚至进入全球化时代的城市，由于相对滞后的社会意识形态和上层建筑的发展，落后的封建集权意识还会在相当长的时间内存在于城市建设的理念中作祟。但这不能作为不对其进行批判的理由，因为批判将最终使社会和民族进步。

2.3.2　时代的局限：暴发户意识

中国社会正迅速从农业社会向工业社会和后工业社会过渡，同时城市景观正经历着一个史无前例的大建设过程。从未有过的经济实力，像一把双刃利剑，在雕塑着我们21世纪2/3以上中国人所要居住的生活环境：一个令我们的后代引以为自豪的优美城市，还是一个令人遗憾，却欲罢不能、居之不安的钢筋水泥丛林？其关键之一是看我们的城市建设的决策者和设计者是否能摆脱时代的另一局限 暴发户意识。所有以上的背景之所以最终导致目前风行于中国大小城市的城市“美化”形式：追求气派，追求最大、最宽、最长，攀比之风盛行；强调几何图案、金碧辉煌等等，其根本的原因还在于普遍存在于开发商、决策者、欣赏者，甚至于专业人员中的意识的局限性，这是中国漫长农业社会经验留给每个人的烙印。中国广大城市基本上都处在一个急速的城市化过程中，这种现象和美国一百年前的情况很相似，即资本迅速集聚，一批暴发户出现，而这批暴发户许多又是地产开发商。暴发户的最大特点是经济实力与品位不相称，这就使得城市美化在小农意识与暴发户意识之下发展（俞孔坚，1999年）。而决策者如果在这种意识下去搞城市建设，可想而知其将会给国家和纳税人带来多大的浪费。除了气派的高楼大厦、金玉堆砌的城市广场、不惜工本地移栽贵树名木进城等表现外，最能代表暴发户心态的莫过体现古希腊、罗马和欧州君主及贵族们生活的古典和新古典建筑，而尤以罗马柱的使用为典型（图2-115～图2-121）。

图2-115　罗马柱代表的富华与奢侈（美国拉斯韦加斯）。

图 2-117

图 2-116

图 2-116 ~ 图 2-117
蹩脚的欧式新古典建筑成为风行于各大城市的豪宅和会馆的特色（深圳、北京某地产开发）。

图 2-118

图 2-118 ~ 图 2-119
蹩脚的欧式新古典建筑成为中国第一大古都和最富于创新精神的城市的酒店建筑（咸阳、广州）。

图 2-119

图 2-121

图 2-120

图 2-120 ~ 图 2-121 罗马柱成为某开发区的大门入口和某政府大厦（北京、云南）。

2.3.3 时代的局限：小农意识

20多年的改革开放，使亿万中国农民甩掉笠帽，进入城市。但中国五千年来在小农经济下形成并烂熟的小农意识并没有像笠帽那样被轻易地甩掉。

作为小农经济背景下产生的和适应于小农经济的认知方式和思维模式，小农意识本身并不应被褒贬，但小农意识支配下的城市建设却祸害非浅。而且，因为它是时代给每一位社会人的烙印，具有普遍性和顽固性，要求主体特别是城市建设的决策者必须通过学习提高认识，超越时代，方能摆脱之。小农意识表现在许多方面，剖而析之，其对城市建设的危害最大者莫过于以下几个方面（图 2-122 ~ 图 2-128）：

图 2-122

图2-122 ~ 图2-124 小农意识的典型表现 乡土植物被当作野草除掉（图2-122 武陵源风景区内），自然地形被推平，来之异域的奇花异木被用于城市公共场所和居住区的摆设，尤其被铺张作为对节日的庆祝。

图2-123　图2-124

图2-125

图2-126

图2-127

图2-128

图2-125 ~ 图2-128　小农意识的典型表现：展示与铺张，不求实效的礼仪化行为。

（1）庄稼意识：只种庄稼，不种杂草；吃害虫的青蛙是该保护的，偷吃粮食的麻雀则要除掉；七星瓢虫为朋友，五星瓢虫则为祸害，这在农业生产中本是天经地义的。而这种意识指导下的城市建设则有害无益。许多市民也许都有体验，曾经记得，某些城市中一号召大搞卫生，创建卫生城市和园林城市，其重要的工作之一便是除杂草。只有奇花异木是应栽培和维护的，盖阴棚，建温室，竭尽所能。对外国引进的草种视为“庄稼”，而对本乡本土极具繁衍力的物种，视为杂草，于是委派大量人工除之，以除草剂杀之。殊不知鲜花原来也是杂草，异草奇木在当地也是杂草路灌，原来杂草之说无非是乡土植物而已，它们最具有适应能力和繁衍能力，因而最具有生态价值。在每天都有20多个物种消失的今天，乡土生物多样性的保护已成为一项全球性战略。在建筑、农田、牧场和人工林场迅速侵吞自然地的今天，城市绿地，则是乡土生物多样性的最后避难所之一。随着时代的推移，小农意识下的“杂草”、“野树”之美会被人进一步认识。2002年获全美景观设计荣誉奖的广东中山的歧江公园便是一个以野草为材料建设的公园，其带给城市的美感是无法用奇花异卉来取代的（图2-129～图2-131）。

（2）好农人意识：勤于除草施肥，精耕细作，刻意于农艺之美，是好农人意识的集中反映。在城市建设中则体现在广做模纹花坛，精于植物的整形修剪，更有龚自珍所谓“病梅”种种（这里并不是对中国盆景艺术的否定），用花草堆成龙凤宝塔之形。在特定场合，为特定目的（如儿童乐园）限量做做本无可非议，但在大都市之街上、广场上大行其道，未免令人啼笑皆非。这里要说明的是，模纹花坛和树雕之艺术源于16世纪法国皇家宫苑的造园艺术，而流行于中国各大城市的模纹花坛、树雕之类无非是这种艺术的仿制品而已，只不过趣味更低级，更谈不上中国文化之特色。

（3）庆宴意识：小农经济下的个体与群体的剩余产品和价值非常有限，而人又有穷奢极欲的天性，这就使得小农社会在一种为狂欢而节俭，为片刻奢侈而持久的“凑合”氛围中挣扎。因此，一年中有一次可以尽情消费的节日——过年，将一年的艰辛与节俭所蓄尽在几天内消费殆尽。而且，所谓走亲串友，增进友谊，其实多带攀比之意，看谁家宴席最大，礼品最丰。人一辈子则无非两大节日（确切地说是一个），可疯狂消费，一个是结婚之红喜，一个是死亡之白喜。前者将父母一辈子的所有积蓄，加之自己前半辈子的积蓄尽皆挥霍殆尽；后者则尽晚辈之所有，将亡故之悲，化为狂饮、狂欢之“喜”。其余时间便是漫漫的“凑合”，令人嘘叹的节俭。这种小农意识在现代城市中，同样体现得淋漓尽致。君不见各大城市广场街道“五一”、“十一”的花坛一个比一个大，一个比一个气派，而且，年年翻新。今年

图 2-129

是五千盆菊花造就的彩凤，明年是10万株五色草堆成的巨龙。君不见“大庆”、“献礼”之工程一个比一个豪华，一个比一个张扬。只可惜，节日才尽，游客散去，花凋草枯，地裂墙驳，剩下的时间则是每一个居民必须面对的缺乏生机的钢筋水泥丛林。一个可信的估计是，每年各大城市用于“五一”、“十一”大庆摆花，设花坛“宴”的投入足以为每个城市建成一个居民可以天天享用的不算小的城市绿地或公园，何乐而不为呢。如此看来，城中大摆花坛之宴与红白喜事之“宴”一样，被称为劳民伤财和低级趣味，并不为过。

（4）泥土意识：泥土意识表现为一种摆脱与农作、农民紧密相联的“泥土”后而终于成为“城里人”的喜乐。那种“城里人”面对双脚沾满泥土的“乡下人”而特有的优越感，使大量的城市“新移民”以不粘泥土为自豪，而去追求光亮和铺装的广场。于是乎，瓷砖大行其道，不仅厨房、厕所是瓷砖的，卧室是瓷砖的，墙是瓷砖的，地是瓷砖的，就连花坛、水池和树木的种植坑也是用瓷砖衬贴的。瓷砖的泛滥，使中国地域文化景观的多样性消失殆尽。不必多时，人们很快会认识到，原来人们所欲摆脱的“土”恰恰是最具有生机和最为人所需要的。

（5）领地意识：划分领地和对领地的捍卫是人和许多其他动物的一种本能，更是小农生产的必须。本来不应加以褒贬，但在现代化城市建设中，这种领地意识之危害不可低估。首先是将土地切块“零售”，以红线为界容开发商各自规划设计，于是乎，高楼林立，各显其能，却毫无整体城市形象，自然的生态过程和景观元素如水系、绿地无法维持其连续性。其次是绿篱和围墙的泛滥。绿篱起源于欧洲牧

图 2–130

图2-129～图2-131 野草之美 城市建设中珍惜和利用乡土植物，哪怕是当地的野草也有其美的特质，同时大大减少维护成本、免施农药化肥，生长茂盛（利用旧船厂改造的中山岐江公园，土人景观设计）。

场中的牲口围篱，后来作为景观艺术，本无可非议，但其如此泛滥于中国城市的大街小巷和公园大院，却反映了城市建设想像力的贫乏。同时，把本来有限的城市开放空间分隔得支离破碎。再次，是城市建设中的“财水不外流”的意识和行为。包括将建设项目作为对本来没有能力的设计院、所或工程队的一种“福利”，即使所谓的“招标”也无非挂羊头卖狗肉。结果，不但糟蹋了城市，也糟蹋了人——使专业人员和工程人员失去了向高水平学习和奋斗的进取心。

封建君主意识、暴发户意识和小农意识及其他落后的意识胶合在一起，往往同时作用于城市建设的决策者、开发者和设计管理者的建设理念，最终使我们的城市景观在一种幼稚和荒唐的审美标准下发展。实用而高雅的设计被一次次否定，正确而智慧的建议得不到采纳，城市景观受困于误区。因此，期望城市建设者，特别是决策者应勇敢地超越时代，摆脱封建君主意识、暴发户意识和小农意识，使城市景观走向健康而光明之路。

结语：“城市美化运动”，阴魂不散

重蹈历史覆辙，也许是人类的最大悲哀。各国的城市美化运动是如此的相似，哪怕是一些细节，如从作为美国城市美化运动之源芝加哥的世博会，到希特勒梦想中的国际博览会，城市美化阴魂不散。前车之覆，后车之鉴。美化城市，改善城市环境和形象本是造福人民功泽后代的事，但如果目的不明，指导思想有偏，结果会适得其反。纵观世界城市“美化运动”之历史，不难看出，中国时下的城市“美化运动”正在走一条发达国家已经走过，并证明有许多弊病的老路。而正当发达国家在吸取惨痛的教训之后，走上更健康的城市改造和美化之路的时候，我们却在犯同样的历史性错误（见本篇前表）。本书如能在城市的最高决策者和专业人士中唤起注意，站在历史与理论的高度来认识当今中国城市中的“美化运动”，并使之能尽快调转船头，少走弯路，那么，本书的目的也就达到了。城市建设首先应考虑市民的日常生活需要，在功能的目标下去设计美的形式，这才是真正的美。

目前，最为急需的是改善生态环境，首先是治理污染、绿化环境。有了生机盎然的绿色和浓阴，有了清新的水和空气，也就有了美。这样的城市是一个真正生态的城市（王如松，1988年；Sim van der Ryn and Cowan，1996年；Walter and Crenshaw，1992年；Register，1994年；Roseland，1997年）。一些形式主义的、无大实效的，特别是无改善生态环境实效而被称为“城市基础设施”的城市美化工程，打着扩大内需的旗号，为求政绩而不惜投入大量资金进行建设，实在是对中央政策的歪曲。而更令人忧虑的是，大量的所谓城市建设和美化工程并不是基于城市可持续的经济实力，而是靠出卖城市最稀缺的、不可再生的土地资源来换取的，可谓寅吃卯粮，为求一时政绩，置城市未来的可持续发展于不顾，直至最终使城市陷入困境。

下篇 城市景观之路
——“反规划”与生态基础设施建设

本篇摘要：中国城市化与城市扩张呈燎原之势，传统城市扩张模式和规划编制方法已显诸多弊端，城市扩展前景和生态安全忧患期待具有战略眼光的城市决策者。如同市政基础设施，城市的生态基础设施是城市及其居民持续获得自然生态服务的保障。面对中国未来巨大的城市化前景，前瞻性的城市生态基础设施建设具有非常重要的战略意义。为此，本章提出了“反规划”概念，即城市规划和设计首先应该从规划和设计不建设用地入手，而非传统的建设用地规划。“反规划”就是优先规划和设计城市生态基础设施，并提出城市生态基础设施建设的景观战略，包括：(1)维护和强化整体山水格局的连续性；(2)保护和建立多样化的乡土生境系统；(3)维护和恢复河流和海岸的自然形态；(4)保护和恢复湿地系统；(5)将城郊防护林体系与城市绿地系统相结合；(6)建立非机动车绿色通道；(7)建立绿色文化遗产廊道；(8)开放专用绿地；(9)溶解公园，使其成为城市的生命基质；(10)溶解城市，保护和利用高产农田作为城市的有机组成部分；(11)建立乡土植物苗圃基地。通过这些景观战略，建立大地绿脉，成为城市可持续发展的生态基础设施。

3.1 问题背景

信息化和城市化双重背景下的挑战和机遇：城市生态安全及生态基础设施。

中国城市化与城市扩张呈燎原之势，而网络技术与信息化又使这一过程火上烧油，使中国的城市化进程具有不同于历史上西方国家城市化的鲜明的时代个性，同时人口负重与土地资源的贫乏，使中国的城市扩张进程危机四伏，生态安全堪忧，北京、上海、广州等特大和大型城市尤甚。传统城市扩张模式和规划编制方法已显诸多弊端；网络技术的时代特征及中国人口和资源的地域性特征，使西方城市化及空间规划理论不尽适用；城市扩展前景和生态安全忧患亟待切实的战略研究，中国城市及区域规划呼唤本土理论和方法。在借鉴国际成功与失败的经验教训的基础上，中国的城市规划工作期待一个“跳跃性的发展”（仇保兴，2002年）。

3.1.1 当代中国城市化宏观背景

城市扩张呈燎原之势，郊区化趋势迫在眉睫，城市的生态安全期待战略性的生态基础设施建设。

中国城市化速度之惊人及其对全球的影响已经或即将成为21世纪最大的世界性事件之一。在过去的十年时间里，中国的城镇化率从1990年的18.9%上升到2001年的37.7%，在未来十多年时间内，中国的城镇化水平将很快达到65%左右(吴良镛，2002年；胡序威，2000年；周一星、曹广忠，1999年；陈晓丽，2000年；仇保兴，2002年)。而信息化和网络技术的应用又将使中国的城市扩张和城市形态不同于西方国家传统意义上的城市化和城市扩张模式。已经可以预见到，网络技术的应用将推动产业结构、就业模式、人们的生活方式发生巨大的改变，也必然会影响到未来中国城市的空间格局(徐巨洲，1998年)。

伴随网络时代的到来，中国大城市的郊区化也已经开始，并日益严重(周一星、孟延春，2000年)。“后城市”(After the City，Lerup，2001年)现象在中国已经出现，这意味着与城市建设有关的城市地域扩张，包括原有城市建成区的扩大，新的城市地域、城市景观的涌现和城市基础设施的建设，大地景观将发生根本性的变化。国土生态系统和生态过程的健康与安全、城市居民的生态服务质量以及历史文化遗产保护等将面临严峻的考验与挑战，这已引起各级政府和学术界的高度重视（周干峙，2002年；仇保兴，2002年）。建设部开展的园林城市建设活动，环保局开展的国家21世纪绿色工程示范区和生态示范区的活动以及引起全社会关注的“山水城市”和“生态城市”的活动都反映出人们对保护和建设良好人居环境所做的努力和寄予的希望。但是令人忧心的是，正如本书“景观歧途”一章所谈到的，许多这样的活动流于表面形式，成为城市化妆或包装工程，成为某些人追求政绩的工具(俞孔坚，2000年；金经元，2001年；陈为邦，2001年；吴良镛，2002年；周干峙，2002年)。除了社会文化原因外，切实的城市发展及景观建设战略研究和理论引导的贫乏是一大重要原因。

城市开发的可持续性依赖于具有前瞻性的市政基础设施建设(道路系统、给排水系统等)，如果这些城市的市政基础不完善或前瞻性不够，在随后的城市开发过程中必然要付出沉重的代价。关于这一点，许多城市决策者似乎已有了充分的认识，国家近年来在投资上的推动也促进了城市基础设施建设。同样，城市生态环境的可持续性依赖于前瞻性的生态基础设施，如果城市的生态基础设施不完善或前瞻性不够，在未来的城市环境建设中必将付出更为沉重的代价，决策者和学术界对此的认识和研究还远远不够。

生态基础设施(Ecological Infrastructure)(Mander，Jagonaegi，et al.1988年；Selmand Van，1988年；俞孔坚等，2001年)从本质上讲是城市所依赖的自然系统，是城市及其居民能持续地获得自然服务的基础(Natures Services)(Costanza and Daily，1992年；Daily，1997年；俞孔坚等，2001年)，这些生态服务包括提供新鲜空气、食物、体育、休闲娱乐、安全庇护以及审美和教育等等。它不仅包括习惯的城市绿地系统的概念，而是更广泛地包含一切能提供上述自然服务的城市绿地系统、森林生态系统、农田系统及自然保护地系统。

早在一百多年前(1879～1895年)，奥姆斯特德和埃利奥特(Eliot)就将公园、林阴道与查尔斯河谷以及沼泽、荒地连接起来，规划了成为波士顿骄傲的“蓝宝石项链”(Emerald Necklace)(图2-34、图3-1～图3-2)(Walmsley and Anthony，1988年；刘东云、周波，2001年)。在1883年，景观设计师克利夫兰德(Cleveland)为美国明尼苏达的明尼阿波利斯(Minneapolis)做规划，当时明尼阿波利斯还是一个小镇，克利夫兰德让市长和决策者在郊区购买大面积的土地，用以建立一个公园系统。在土地还远未被开发时，就非常廉价地买到了大块土地。这一行动是为50～100年之后的城市所规划的，如今一百多年过去了，城市扩大了几倍，但这些廉价购得的土地却成为城市中宝贵的

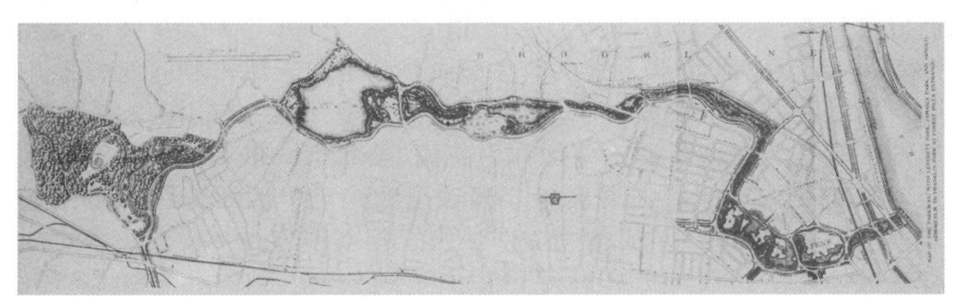

图3-1

图3-1～图3-2 美国波士顿的“蓝宝石项链”：早在一百多年前（1879～1895年），奥姆斯特德和埃利奥特（Eliot）就将公园、林阴道与查尔斯河谷以及沼泽、荒地连接起来，规划了至今成为波士顿骄傲的“蓝宝石项链”。

图3-2

绿地系统。这样一个绿地系统的形成，不光是要有一个好的概念，同时需要城市决策者提前50～100年进行投资。在同时代，当肯萨斯（Kansas）和克利夫兰（Cleveland）都还是小镇时，就用便宜的地价在其郊外购置大量土地，结合区域的河流水系规划建设并一直保护了一个永久的绿地系统。这一原来尚在郊外的绿地系统而今已成为城市的一部分了，成为居民身心再生的场所（Zube，1988年；Steinitz，2001年）。

所以，如同城市的市政基础设施一样，城市的生态基础设施需要有前瞻性规划，更需要突破城市规划区的既定边界。惟其如此，则需要从战略高度规划城市发展所赖以持续的生态基础设施（俞孔坚等，2001年）。而中国快速的城市化进程为明智而又有良知的城市决策者提供了一个造福子孙后代的极好机遇。

3.1.2 大都市圈城市扩张机遇与生态安全忧患：以北京为例

（1）北京城市扩张前景

北京城市基本上采取沿环路向外扩展的方式，从二环向三环、四环和五环乃至六环逐渐向外扩展，总体形态基本上保持向西、北和东面偏移的圆形，是典型的摊大饼城市（图3-3～图3-4）。从区域关系来看，华北平原以北京为原点呈扇形向东南方向天津市和河北省张开的双臂是北京的主要经济联系方向；向西北上升到太行山区和蒙古高原地区则是北京城市的水源地和后花园，是北京城市环境质量保障体系中最重要的地域。随着奥运公园选址的确定、西北五环的率先修通，北京这种城市空间形态过分地强化了北京作为一个行政实体的自身发展，在使北京西北部上风上水方向上已经变得拥挤不堪的同时，

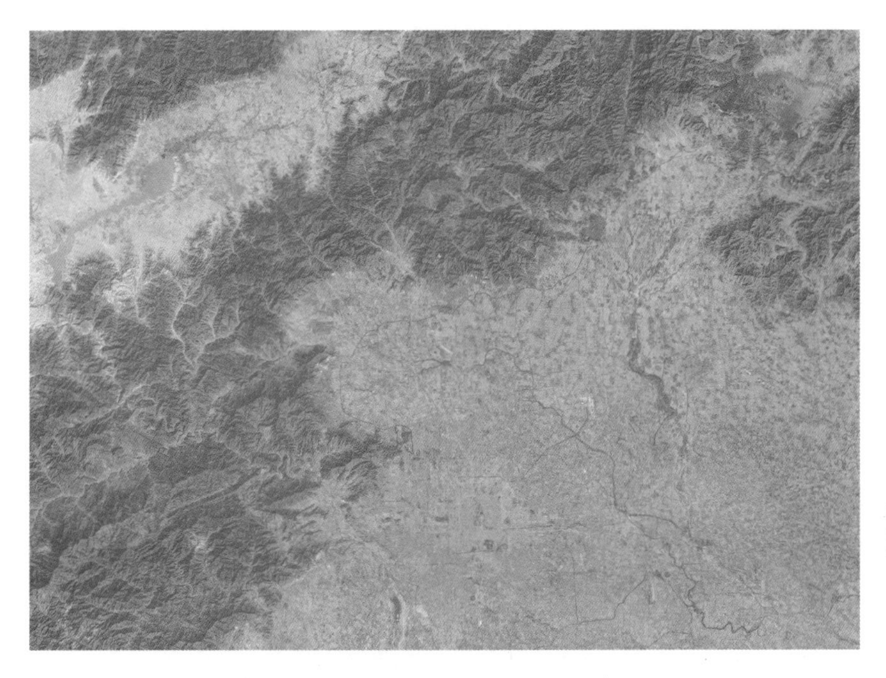

图 3-3

图 3-3 ~ 图 3-4 北京城市扩张速度惊人，“摊大饼”现象严重（分别是 1984、2000 年的航空影像对比，灰白色显示建成区土地）。

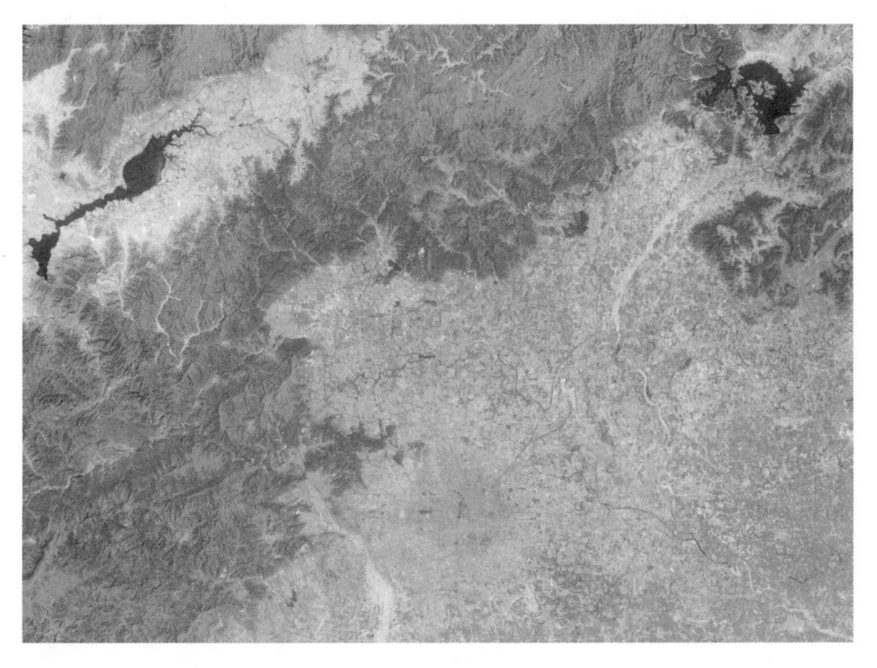

图 3-4

也加大了开展区域经济和环境合作的难度。随着区域合作经济的加强，尤其在加入世贸组织的推动之下，城市的发展方向会越来越受到市场和人们对于更高的环境质量的追求的调节。可以认为，目前的北京城市发展格局从整体经济和环境保障上都具有一定的风险。关于大北京的区域经济与空间发展研究，许多学者已有深刻的分析（穆学明，1994年；叶舜赞，1994年；徐国弟，1995年；吴良镛、毛其智、张杰，1996年；吴良镛，2000、2001年）。总之，北京城市空间的发展需要在更大尺度上建立一种区域经济和生态保护相互合作的良性格局，建立“大北京地区”的生态安全格局具有非常重要的战略意义。

(2)城市郊区化危机

北京在1982～1990年间已经进入了郊区化过程，北京的人口外迁与城市中心区的繁荣兴旺形影相随。特别在当前，北京城区、近郊区、远郊区县三个圈层都在蓬勃发展之中。在我国较低的经济水平和交通现代化水平的制约下，城市郊区化必然使建成区继续呈外延式发展。若不采取特别的措施，北京（也是其他大城市）这张“大饼”还要继续摊“下去”(徐巨洲，1998年；周一星，1999年；周一星、孟延春，2000年；李迪华、岳升阳，2002年)。

（3）现有绿化带布局的不科学性

为了控制北京城市以“摊大饼”的方式向外蔓延带来的环境压力，北京耗巨资沿四环和五环之间修建城市绿化隔离带，这一举措对于改善北京城市环境质量具有战略意义，但是这一措施存在诸多问题：

第一，区域关系：缺乏对更大尺度的自然系统的分析，绿化隔离带的构建规则而均匀地分布，缺乏生态学的依据，构建过程中容易被蚕食和挤兑(周一星、孟延春，2000年)。

第二，绿化隔离带形式：特大城市周围建设绿化隔离带是国际上很多城市改善城市环境质量和防止城市蔓延的一种重要举措(如伦敦)，但就北京而言，绿化隔离带采用均匀环绕北京城市周围的建设方式，其建设规模、布局都缺乏对北京区域环境和城市空间扩展格局的分析，结果可能是绿化隔离带建成之日，也是环绕绿化隔离带的新的北京城建成区圈层完成之时，绿化隔离带不但不能真正防止北京城市无序扩张，而且有可能拉动和强化这种扩张模式。

第三，绿化方式：目前绿化隔离带多采用园林化的方式，大面积的农田(包括水田、旱地)变为需要人工养护的绿地，花坛绿篱横行，花哨之极不亚于街道广场和游园，不仅提高了建设和养护成本，而且降低了城乡结合部的景观多样性，局部地区对于保持历史景观的持续性也十分不利(如京西稻作文化随着北京绿化隔离带的建设而从此消失，岳升阳，2000年)(图3-5～图3-6)。

(4)北京城市水资源危机

图 3-5　隔离带绿化方式走入小农园林的误区。

图3-6　北京西郊被规划为绿化隔离带的京西稻产地，即将被“园林”化的绿地所取代。

水资源是基础自然资源，是生态环境的控制性因素之一，同时又是战略性经济资源，是一个国家综合实力的有机组成部分。展望未来，水资源正日益影响全球的环境与发展，甚至可能导致国家间的冲突(中国工程院“21 世纪中国可持续发展水资源战略研究”项目组，2000 年)。

北京市水资源存在的主要问题有：1. 人均水资源不多；2. 可供水资源量少；3. 地表水可供水量日趋衰减；4. 地下水超采严重；5. 水质

恶化，污染严重；6.水需求量增长较快，用水过度集中；7.现行的水资源管理体制不适应水资源形势发展的需要。水资源的紧缺和污染问题困扰着首都。同时，北京的年降水从20世纪中叶开始持续下降，平均每10年下降12.2%，而年气温平均每10年增温0.2度，与年降水基本呈反相关关系(谢庄、王桂田，1994年；李文起，1997年)。

如何在城市发展的同时改善地表和地下水存在状况，使城市得以可持续发展是一个战略性问题。而我们现在的所作所为只能是使情况更加恶化：城市铺装面在不断扩大，河床硬化，自然栖息地日趋园艺化，山水连续性越来越差，所有这些都使自然系统的生态服务功能日趋弱化。因此，需要用战略的眼光，从更长远和更广大的区域尺度上建立生态服务的基础设施。

(5)城市灾害危机

用现代减灾的眼光看：北京所处的地理、气候、地质等环境较差，属一个自然灾害频发的城市，具有多种灾害，气象灾害、旱灾和水资源危机、洪灾、沙尘暴、气温上升等(金磊，2000年)，灾害的群发与交叉性强，突发性灾源多，易诱发次生性灾害等特点。北京作为古城，既有历史遗留灾情又有新生的人为灾害。由于人口集中，经济密集程度高，改变了原有的自然形态，形成脆弱的城市生态。因此，城市一旦发生灾害损坏某个生命线系统，很容易出现连锁反应和次生灾害，形成灾害的放大效应，甚至导致城市系统的崩溃。北京城区及近郊区地表不均衡近年来已引起各界的高度重视，被列为重要的地质灾害。北京城区及东南郊区地面沉降与地下水位降低有关，最大沉降区主体上处于地下水严重超采区，二者有重要关系(纪玉杰，1996年)。

世界上越来越多的减灾专家认为，欲研究国家的可持续发展战略，首先应解决的是增强城市抵御灾害的能力。城市灾害具有“一触即发，一发即惨”的鲜明性，而且灾因复杂、突发性强、灾情难测，对城市和区域的持续发展产生负效应。城市灾害的原生特性提醒城市管理者要重点设防，有的放矢，同时，灾害具有一种超越灾区而将危害波及一个更大的时空的特性，另外，灾害对城市的破坏力有“牵一发而动全身”之势，而灾害的强度又有极大的随机性(金磊，1997年)。从景观生态学的角度来讲，灾害本质上是一种景观过程，它与景观的空间格局有密切的关联。所以，灾害的防治也是一个区域性和长期性的景观战略问题，同样需要有战略性的景观格局来控制（俞孔坚，1996年；俞孔坚，1998、1999年）。

北京的上述问题也普遍存在于全国其他各大城市。面对未来城市化趋势和城市问题，我们有必要从观念、规划的方法论及城市发展的战略上进行思考，建设生态安全、可持续的城市。

3.2 “反规划”途径

3.2.1 传统方法背景

传统城市规划编制方法已显诸多弊端，需要逆向思维应对变革时代的城市扩张，城市景观之路在于运用“反规划”思维建立城市生态基础设施。

传统的城市规划总是先预测近中远期的城市人口规模，然后根据国家人均用地指标确定用地规模，再依此编制土地利用规划和不同功能区的空间布局。这一传统途径有许多弊端，这些弊端来源于对以下几方面认识的不足：

第一，城市与区域的整体有机性：法定的“红线”明确划定了城市建设边界和各个功能区及地块的边界，甚至连绿地系统也是一个在划定了城市用地红线之后的专项规划。它从根本上忽视了大地景观是一个有机的系统，缺乏区域、城市及单元地块之间应有的连续性和整体性。城市规划首先必须在区域尺度上解决城市与山水格局的关系，而不是在城市建设用地范围内制定一个暂时的用地平衡系统和功能系统。正如，仇保兴所指出的：我们的城市规划在图上严格标明规划区，而将区外看成“空白”区，这种在图上对区域环境的视而不见，导致了城乡结合部的严重无序和混乱（仇保兴，2002年）。

第二，城市化的动态与快速特点：城市是一个复杂的系统，城市用地规模和功能布局所依赖的自变量(如人口)往往难以预测，从而规划总趋于滞后和被动(周干峙，2002年；陈秉钊，2002年)。特别是中国现阶段的城市化进程，其来势之凶猛，速度之疾，是史无前例的，任何一个现成的数学模型和推理方法都会在此显得无能为力。当然，也有“超前”的规划，其结果使大量土地撂荒，宽广的马路闲置，机场负债。这实际上导致了城市扩张的无法和无序以及土地资源的浪费，珠海、北海等城市以往开发的教训已对此做了很好的注解。

第三，城市与环境的图底关系：从本质上讲，传统的城市规划是一个城市建设用地规划，城市的绿地系统和生态环境保护规划事实上是被动的点缀，是后续的和次生的。从而使自然过程的连续性和完整性得不到保障，城市与环境的图底关系颠倒。这实际上违背了一个基本的前提，那就是城市永远是土地生命肌体的一部分。

第四，城市开发与建设主体的转变、土地使用的开放性和灵活性：自从中国进入改革开放之后，城市开发与建设的主体就开始发生了悄悄的变化，特别是进入20世纪90年代和21世纪之后，国家为主体的城市开发模式已迅速被企业开发模式所取代，在市场经济日趋主导的今天和未来，土地的使用应更趋于开放，计划经济体制下形成的规划制定、审批和执行程序显然已不能适应时代的需要

（陈秉钊，1998年）。正如，有学者所指出的，规划师对市场不甚了解，却想着要控制市场，从而导致规划的失灵（孙施文，2001年；周建军，2001年；周冉、何流，2001年）。如果把城市规划作为一个法规的话，那么这个法规更应该告诉土地使用者不准做什么，而不是告诉他做什么。而现行的城市规划和管理法规恰恰在告诉人们去开发去建设什么，而不是告诉人们首先不做什么。这是一个思维方式的症结。关于城市规划在法规上的缺陷和误区，仇保兴有过深刻的分析（仇保兴，2002年）。

"规划的要意不仅在规划建造的部分，更要千方百计保护好留空的非建设用地"（吴良镛，2002年）。城市的规模和建设用地的功能可以是不断变化的，而由景观中的河流水系、绿地走廊、林地、湿地所构成的景观生态基础设施则永远为城市所必须，是需要恒常不变的。因此，面对变革时代的城市扩张，需要逆向思维的城市规划方法论，以不变应万变。即，在区域尺度上首先规划和完善非建设用地，设计城市生态基础设施，形成高效地维护城市居民生态服务质量、维护土地生态过程的安全的景观格局。

3.2.2　"反规划"的理论与方法背景：景观安全格局

大地景观是多个生态系统的综合体，景观生态规划以大地综合体之间的各种过程和综合体之间的空间关系为研究对象，解决如何通过综合体格局的设计，明智地协调人类活动，有效地保障各种过程的健康与安全（俞孔坚、李迪华，1997年；张惠远、倪晋仁，2001年）。

从19世纪末的帕特里克·赫得斯(Patrik Geddes)的"先调查后规划"到20世纪60年代麦克哈格(McHarg)的"设计尊从自然"(Design with Nature，1969年)，已形成了一个以土地适宜性分析为特点的、通过生态因子的层层叠加来确定土地利用格局的模式(McHarg，1981年；Steinitz等，1976年；Steiner等，1987年)并为国际景观规划界所广泛应用。但该模式有两个致命的弱点：

第一，它不能有效地处理水平生态过程，如物种的水平空间运动及灾害过程的水平扩散。

第二，把规划当作一个自然决定论的过程，而无法将决策过程中人的行为考虑进去。事实上，规划在某种程序上是一个可辩护的过程，而远非自然决定过程(Steinitz，1990年)。

景观生态学的发展为景观生态规划提供了新的理论依据，景观生态学把水平生态过程与景观的空间格局作为研究对象(Forman and Godron 1986年；Turner，1989年；Forman，1995年)。同时，以决策为中心的和规划的可辩护性思想又为生态规划理论提出了更高的要求(Faludi，1987年；Steinitz，1990年)。

鉴于以上诸方面问题，俞孔坚提出了景观生态安全格局(Security Patterns)的理论与方法(俞孔坚，1995、1996年；俞孔坚，1998、1999年)。该理论把景观过程(包括城市的扩张、物种的空间运动、水和风的流动、灾害过程的扩散等)作为通过克服空间阻力来实现景观控制和覆盖的过程。欲有效地实现控制和覆盖，必须占领具有战略意义的关键性的空间位置和联系。这种战略位置和联系所形成的格局就是景观生态安全格局，他们对维护和控制生态过程具有异常重要的意义。要根据景观过程之动态和趋势，判别和设计生态安全格局。不同安全水平上的安全格局为城乡建设决策者的景观改变提供了辩护战略。因此，景观生态安全格局理论不但同时考虑到水平生态过程和垂直生态过程，而且满足了规划的可辩护要求。

景观安全格局理论与方法为解决如何在有限的国土面积上，以最经济和高效的景观格局，维护生态过程的健康与安全，控制灾害性过程，实现人居环境的可持续性，提供了新的思维模式。对在土地有限的条件下实现良好的土地利用格局、安全和健康的人居环境，特别是恢复和重建中国大地上的城乡景观生态系统，或有效地阻止生态环境的恶化有重要的理论和实践意义（张惠远、倪晋仁，2001年）。

景观安全格局理论把博弈论的防御战略、城市科学中的门槛值、生态与环境科学中的承载力、生态经济学中的安全最低标准等数值概念体现在空间格局之中，从而进一步用图形和几何的语言或理论地理学的空间分析模型来研究景观过程的安全和持续问题，并与景观规划语言相统一。各个层次的安全格局是土地利用辨护的战略防线和景观空间“交易”的依据。

在此新的理论基础上，提出了一系列的景观安全格局识别方法和模型，包括将水平过程如城市的扩张表达为三维潜在表面(Potential surface)。潜在表面反应过程在景观中所遇到的阻力或控制景观的潜在可能性。结合理论地理学的表面分析模型，特别是Warntz的点、线、面分析模型(Warntz，1966、1967年)，根据潜在表面的空间特征如峰、谷、鞍、坡等，再应用地理信息系统和图像处理技术识别安全格局。

多层次的景观安全格局，有助于更有效地协调不同性质的土地利用之间的关系，并为不同土地的开发利用之间的空间“交易”提供依据。某些生态过程的景观安全格局也可作为控制突发性灾害，如洪水、火灾等的战略性空间格局。景观安全格局理论更有可能直接在城市生态环境的改善、国土整治，包括受损生态系统的恢复和重建，建立具有综合生态效益的防护林体系、保护区系统、城市绿地系统及城乡景观格局等方面发挥作用。

形象地说，景观安全格局的建立就如同中国围棋的战略部署，它要求用最少的棋子，来获取最大的安全空间（图3-7～图3-11）。

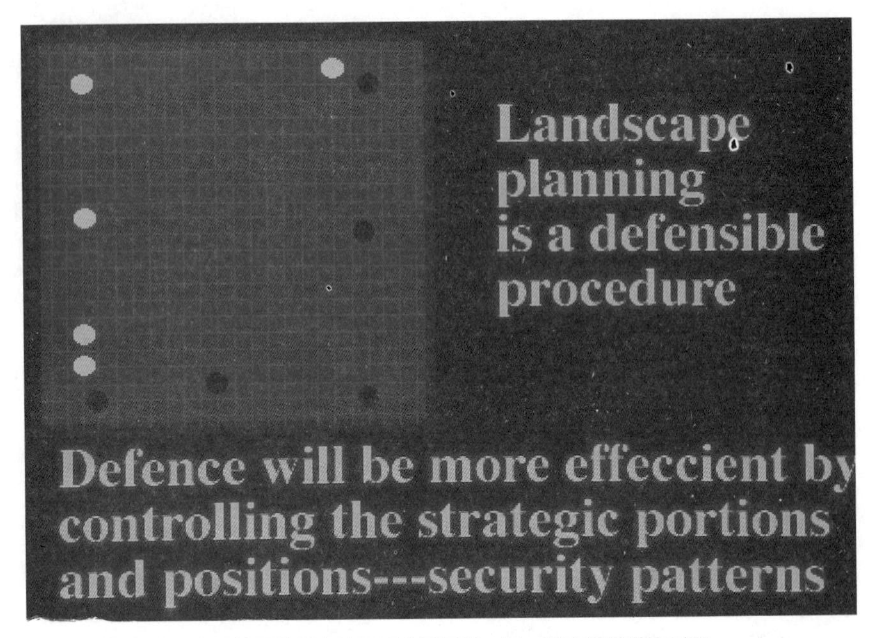

图 3-7　景观安全格局的理论和方法如同中国围棋，是一种空间的博奕过程。

图 3-8

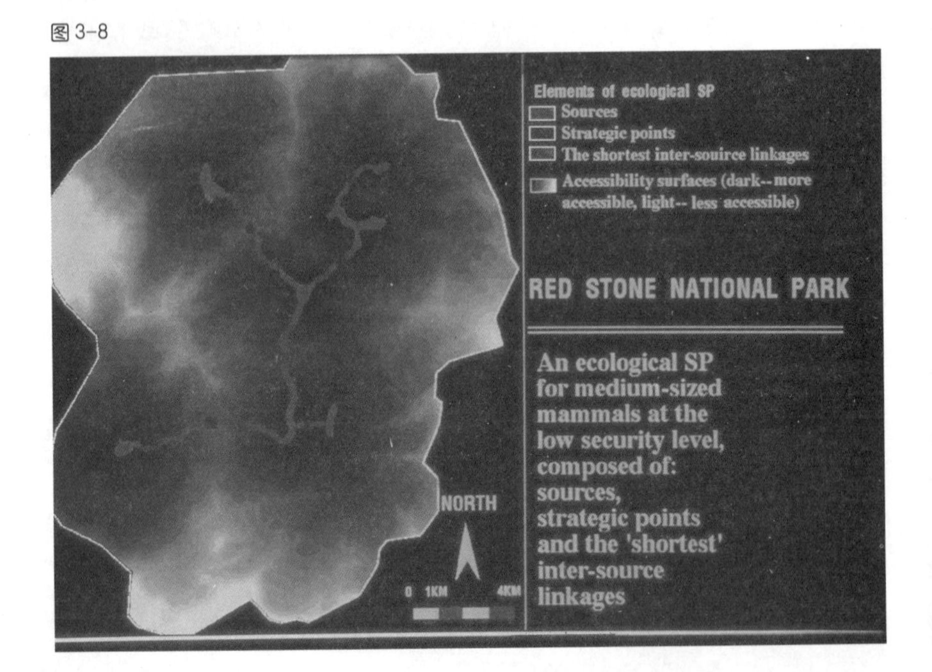

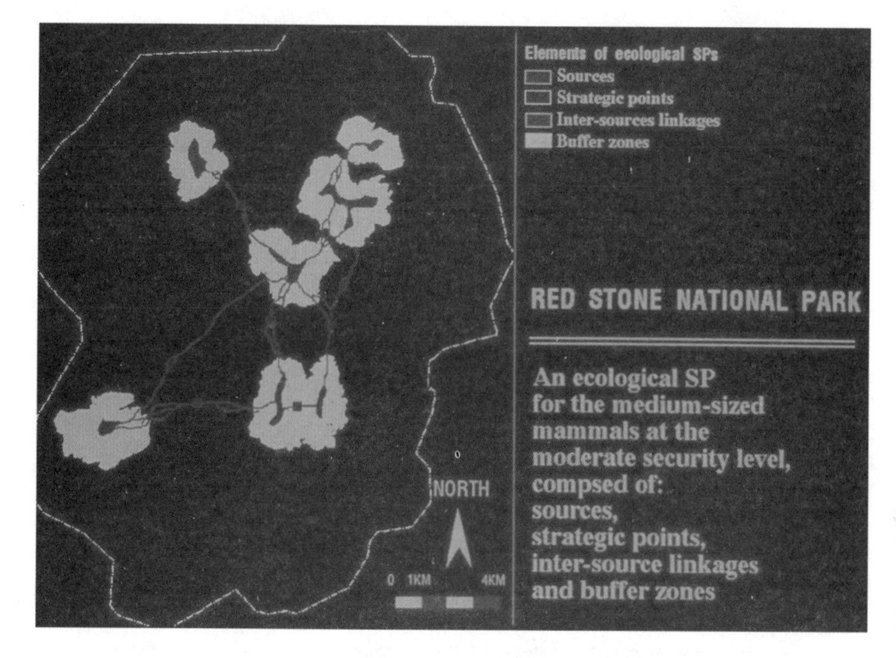

图 3-9

图 3-8 ~ 图 3-10　不同安全水平（高、中、低）下自然栖息地保护的景观生态安全格局：广东丹霞山案例（俞孔坚，1995、1996 年）。

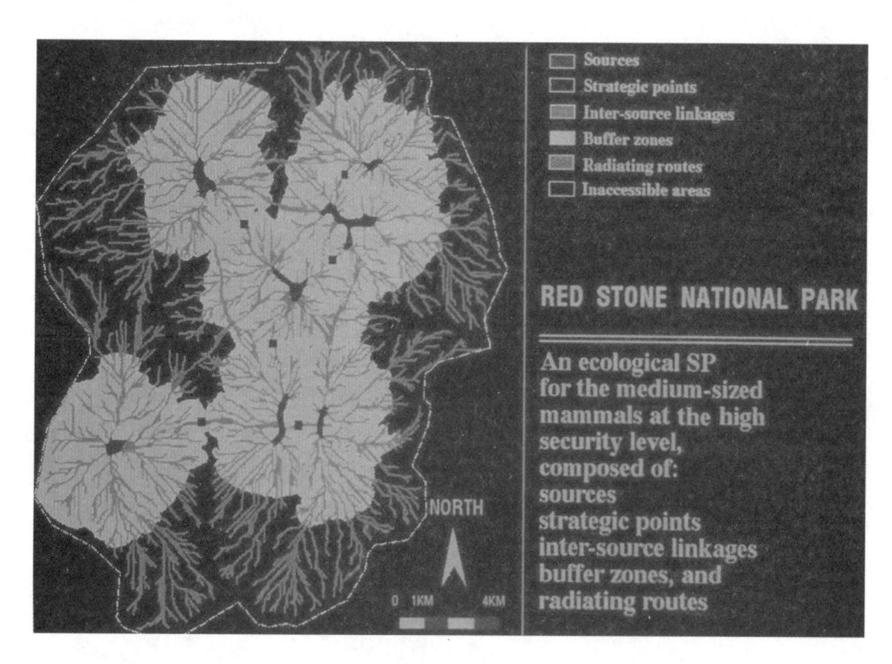

图 3-10

图 3-11　一个安全格局由核、缓冲区域、廊道和战略点等景观元素所构成。

3.3　城市生态基础设施建设的景观战略

基于"反规划"的思维模式和景观安全格局的方法论，从普遍意义上讲，对未来城市生态安全和可持续发展具有战略意义的景观元素和空间关系，构成城市生态基础设施，它们是使城市获得持续生态服务的战略性保障。为此，提出城市生态基础设施建设的景观战略如下：

3.3.1　第一大战略：维护和强化整体山水格局的连续性

任何一个城市，或依山或傍水或兼得山水为其整体环境的依托。城市是区域山水基质上的一个斑块。城市之于区域自然山水格局，犹如果实之于生命之树。因此，城市扩展过程中，维护区域山水格局和大地肌体的连续性和完整性，是维护城市生态安全的一大关键。古代堪舆把城市穴场喻为"胎息"，意即大地母亲的胎座，城市及人居在这里通过水系、山体及风道等，吸吮着大地母亲的乳汁（图 3-12）。在藏民族的信仰中，整个青藏高原是大地女神的躯体，所有寺庙都是有其特定的穴位的，因而有了神圣的意义（图 3-13）。这和现代西方的大地女神之说是不谋而合的(Lovelock，1979 年)。破坏山水格局的连续性，就切断了自然的过程，包括风、水、物种、营养等的流动，必然会使城市这一大地之胎发育不良，直至失去生命。生活在哀牢山中的哈尼族人，用他们世世代代积累起来的经验给了我们很多的启示（图 3-14）。事实上，历史上许多文明的衰落和消失也被归因于此。

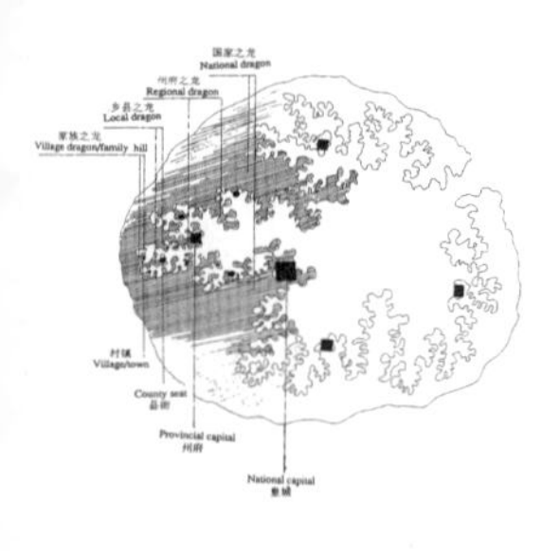

图 3-12　中国古代信仰中，华夏大地的"风水"分析：城市和村庄都是连续的大地生命之树上的果实，是大地母亲的胎息（俞孔坚，1998 年）。

图 3-13　在藏民族的信仰中，整个青藏高原是大地女神的躯体，所有寺庙都是有其特定的穴位的，因而有了神圣的意义（源于西藏博物馆）。

翻开每一个中国古代城市史志的开篇——形胜篇，都在字里行间透出对区域山水格局连续性的关注和认知。中国古代的城市地理家们甚至把整个华夏大地的山水格局，作为有机的连续体来认知和保护，每个州府衙门所在地，都城的所在地，都从认知图式上和实际的规划上被当作发脉于昆仑山的枝杆山系和水系上的一个穴场（俞孔坚，1998，Yu，1994）。明皇朝曾明令禁止北京西山上的任何开山、填河

图 3-14　哀牢山中的哈尼族村寨 选择在海拔 1500 ~ 2000m 的山腰居住，将山寨以上的山体作为龙山严格保护，村寨之下才是层层叠叠的梯田。让连续的水流常年不断地从山林中流出，滋润着山寨，灌溉着梯田。

图3-15～图3-16　韶山：连绵多情的秀美山川孕育了毛泽东、刘少奇这样的伟人。

图3-15

图3-16

工程，以保障京都山水龙脉不受断损。只需稍做调查，就会发现中国历史上的伟人与文学艺术大家的成长，无不与其家乡健全完美的山川有着密切的关系。孙中山的翠亨村，毛泽东、刘少奇的韶山，鲁迅的绍兴，沈从文的凤凰城，茅盾的乌镇，艾青的金华等等，无不以山川秀美而著称(图3-15～图3-16)。断山、断水被堪舆认为是最不吉利的景观。如果古代中国人对山水格局连续性的吉凶观是基于经验和潜意识的。那么，现代景观生态学的研究则为维护这种整体景观基质的完整性和连续性提供了强有力的科学依据（Merriam，1984年；Naveh and Lieberman，1984年；Forman and Godron，1986年；Risser，1987年；Noss，1991年；Forman，1995年）。

从20世纪30年代末开始，特别是从20世纪80年代中期开始，借助于航空遥感以及后来的地理信息系统技术，结合一个多世纪以来的生态学观察和资料积累，面对高速公路及城市盲目扩张造成自然景观

图3-17

图3-18

图3-19
图3-20

图3-17～图3-20 湖南：自恃“惟楚有才，于斯为盛”的湖湘大地的肌体，正惨遭无情的切割和破坏，山水灵气将丧，才从何出。大江南北又何尝不如此。一个残破的土地和山川，怎能孕育健全的灵魂。

基质的破碎，山脉被无情地切割，河流被任意截断的现象（图3-17～图3-20）。生态学者提出了严重警告，常此下去，大量物种将不再持续生存下去，自然环境将不再可持续，人类自然也将不再可持续。我们祖先的经验也告诉我们，恶山恶水是出不了健全的人民的。因此，维护大地景观格局的完整性和连续性，维护自然过程的连续性成为区域及城市景观规划的首要任务之一(图3-21～图3-22)(Harris,1984年；Schreiber，1988年；俞孔坚等，1998年)。

图 3-21

图 3-22

图3-21～图3-22　新建城市中被围困和孤立的山头，本来完全可以通过河流和绿色廊道将其与周围山水相联系（广东）。

3.3.2　第二大战略：保护和建立多样化的乡土生境系统

在大规模的城市建设、道路修筑、水利工程以及农田开垦过程中，我们毁掉了太多太多独具特色而弥足珍贵却被视为荒滩荒地的乡土植物生境和生物栖息地，直到最近，我们才把目光投向那些普遍受到关注或即将灭绝，而被认定为一类或二类保护物种的生境的保护，如山里的大熊猫、海边的红树林。然而，在此同时我们却忘记了大地景观是一个生命的系统，一个由多种生境构成的嵌合体，而其生命力就在于其丰富多样性，哪怕是一种无名小草，其对人类未来以及对地球生态系统的意义也可能不亚于熊猫和红树林。

历史上形成的风景名胜区和划定为国家、省、市级的具有良好森林生态条件的自然保护区固然需要保护，那是生物多样性保护及国土生态安全的最后防线，但这些只占国土面积的百分之几或十几，不足以维护一个可持续的、健康的国土生态系统。而城市中即使是30%甚至50%的城市绿地率，由于过于单一的植物种类和过于人工化的绿化方式，尤其因为人们长期以来对引种奇花异木的偏好以及对乡土物种的敌视和审美偏见，使绿地系统的综合生态服务功能并不很强。与之相反，在未被城市建设吞没之前的土地上，存在着一系列年代久远、多样的生物与环境已形成良好关系的乡土栖息地。其中包括：

(1)将被城市吞没的古老村落中的一方“龙山”或一丛风水林，几百年甚至上千年来都得到良好的保护，对当地人来说，它们是神圣的，但对大城市的开发者和建设者来说，它们却往往不足珍惜。从景观生态学的角度，这些神圣的龙山或风水林是大地景观系统的关键性节点，是自然栖息地残遗斑块，是生物在克服空间阻力的运动过程中，联系两个自然地之间的跳板（Stepping stone）。在大地景观日益被高速公路网和城市土地扩张分隔的今天，这种生物栖息地跳板的存在对维护自然过程的连续性和完整性有着非常重要的意义。候鸟的迁徙，远足动物的暂时停留，都有赖于这些残遗的栖息地斑块（图 3–23）。

(2)坟地，大肆圈地造坟的现象当然应该受到谴责和制止，但是那些已经存在，并且只占用田缘地角和那些本来就不宜耕作的有限祖坟

图 3–23 成都平原上村落与丛林共生的景观，在城市扩张过程中应将这种景观格局结合在城市设计中。

用地，完全可以保留。由于它们的神圣性，生物得以长期保留，乡土群落成熟而繁茂。在均质的农田景观之上，它们往往是黄鼠狼等多种兽类和鸟类的最后的栖息地。可叹的是，在全国性的“迁坟”运动中，这些先辈们的最后安息之地中，幸存者已为数不多，在拆去祖坟的同时，毁掉了乡土生物的最后栖息地。更为重要的是毁去了人们对祖先和对土地的敬畏（图 3-24 ~ 图 3-25）。

(3)被遗弃的村落残址。随着城市化进程的加速，农业人口涌入城市，城郊的“空壳村”将会越来越多，这些地方由于长期免受农业开垦，加之断墙残壁及古村的水塘构成的避护环境，形成了丰富多样的

图3-24 ~ 图3-25　郊外的坟地以及风水林往往是多种生物的最后栖息地，应在城市扩张过程中悉心保护并结合到城市设计中去（浙江金华、湖南张家界）。

图 3-24

图 3-25

生境条件，为多种动植物提供了理想的栖息地。但它们很容易成为“三通一平”的牺牲品，被住宅新区所替代，或有幸成为城市绿地系统的一部分，往往也是先被铲平后再行绿化设计。在可能的情况下，村落遗址应尽量结合在城市未来的绿地系统中加以保留。在保留其作为生物栖息地的同时，使其成为未来森林童话的载体，向后来的人们讲述过去村庄的故事（图3-26～图3-27）。

(4)曾经是不宜农耕或建房的荒滩、乱石山沟或低洼湿地，这些地方往往具有非常重要的生态和休闲价值。在推土机未开入之前，这些免于农耕刀锄和农药的自然地是农业景观中难得的异质斑块，而保留这种景观的异质性，对维护城市及国土的生态健康和安全具有重要意义。

图3-26～图3-27　面临搬迁或废弃的村落往往有良好的乡土生境，如能结合在城市绿地系统中，不但可以使绿地建设事半功倍，同时保存场所故事，使景观充满含义（北京、浙江金华）。

图3-26

图3-27

3.3.3　第三大战略：维护和恢复河道及滨水地带的自然形态

河流水系是大地生命的血脉，是大地景观生态系统的主要基础设施。污染、干旱断流和洪水是目前中国城市河流水系所面临的三大严重问题，而尤以污染最难解决。于是治理城市的河流水系往往被当作城市建设的重点工程、“民心工程”和政绩工程来对待。然而，人们往往把治理的对象瞄准河道本身。如本书中篇所述，本来自然的河道被裁弯取直、截断、盖掉或是被钢筋水泥护衬。殊不知造成上述三大问题的原因实际上与河道本身无关。于是乎，耗巨资进行河道整治，而结果却使欲解决的问题更加严重，犹如一个吃错了药的人体，大地生命遭受严重损害。国际上对待河流水系的态度和措施很值得我们借鉴（Li and Eddleman，2002年；杨东辉，2002年）。维护和恢复河道和滨水地带的自然形态主要有以下几大意义：

第一，生态意义。一条自然的河道和滨水带，必然有凹岸、凸岸、深潭、浅滩和沙洲，它们为各种生物创造了适宜的生境，是生物多样性的景观基础。丰富多样的河岸和水际边缘效应是任何其他生境所无法替代的。而连续的自然水际景观又是各种生物的迁徙廊道(Saunders and Hobbs，1991年；Forman，1995年；宗跃光，1999年)。

第二，美学意义。生机勃勃的水际尽显自然形态之美，在这里动物与植物相依偎，动与静相映衬，自然而不凌乱，变化而不失秩序。许多审美统计实验都表明，植被丰富的自然景观比人工景观有更高的美学价值（Ulrich，1983年；Orland，1996年；俞孔坚，1988、1990年；黄国平等，2002年），而且，研究表明，随着文化教育水平的提高，人们对自然美的认识也会相应地提高（俞孔坚，1995年）。关于自然水际优于人工河岸之美早在18世纪下半叶就已被画意风景学派(The picturesque school）所认识。当时他们就认为，那些“园林化”的所谓“漂亮”的景色，如人工草地及河岸是不能入画的，而只有丰富的、“粗糙”的自然形态的植被和水际景观才有画意和诗意，才能为人类提供富有诗情画意的感知与体验空间（图3-28～图3-31)(Fleming and Gore，1988年)。

第三，蓄洪涵水意义。蜿蜒曲折的河道形态、植被茂密的河岸、起伏多变的河床，都有利于减低河水流速，消减洪水的破坏能量。河流两侧的自然湿地如同海绵，调节河水之丰俭，缓解旱涝之灾害。然而，我们的水利部门恐水之症泛滥，其实惟恐担当责任，用百年一遇甚至五百年一遇的标准，高筑防洪堤，裁弯取直，结果只能适得其反，洪水的破坏力被强化，劳民伤财日见其甚。原因在于没有利用自然做功（图3-32～图3-35）。

至于如何在城市防洪和水位变化的约束条件下治理河流和水际，使其更具生态和美学价值，广东中山歧江公园的经验也许能给人们一些启发（俞孔坚等，2002年；俞孔坚、庞伟，2002年）。

图 3-28

图 3-28 ~ 图 3-29 “园林化”的所谓“漂亮”的景色，如人工草地及河岸是不能入画的，而只有丰富的“粗糙”的自然形态的植被和水际景观才有画意和诗意（英国诗人 Richard P. Knight 的诗“风景”所描写的没有画意的“光滑”的景观和具有画意的“粗糙”的景观，引自 Fleming and Gore，1988 年）。

图 3-29

图 3-30

图 3-30 ~ 图 3-31　富有诗情画意的水际景观，同时是生态健康、具有防洪蓄洪能力的自然形态（美国黄石公园和云南丽江）。

图 3-31

图 3-32

图 3-32 ~ 图 3-33　走遍中国大江南北，自然的河流和滨水景观正在被无知和缺乏审美趣味的“工程师”和“治水者”们谋害殆尽，所幸的是，明智的决策者们已经觉醒，一些类似的工程开始被重新认证（山东、浙江）。

图 3-33

图 3-34

图 3-34～图 3-35　京杭运河：千百年来，两岸茂盛的芦苇和柳树曾经使一千七百多公里长的古运河健康而美丽，然而，席卷而来的治洪和“美化”浪潮，将有可能使这种健康和美丽消失殆尽（大运河中段）。

图 3-35

3.3.4 第四大战略：保护和恢复湿地系统

湿地是地球表层上由水、土和水生或湿生植物及其他水生生物相互作用而构成的生态系统。湿地是地球众多野生动物、植物的最重要生存环境之一，生物多样性极为丰富。同时，湿地对改善和调节人居生态环境有重要意义，被誉为“自然之肾”，对城市及居民具有多种生态服务功能和社会经济价值(吕宪国、黄锡畴，1998年; Bolund and Hunhammar，1999年；刘红玉等，1999年；孟宪民，1999年；左东启，1999年；William等，2000年；Ton等，1998年；Mitsch等，2000年；王瑞山等，2000年；余国营，2000年)。

这些生态服务包括：

（1）提供丰富多样的栖息地：湿地由于其生态环境独特，决定了其生物多样性丰富的特点。中国幅员辽阔，自然条件复杂，湿地物种极为丰富。中国湿地已知高等植物825种，被子植物639种，鸟类300余种，鱼类1040种，其中许多是濒危或者具有重大科学价值和经济价值的类群。

（2）调节局部小气候：湿地碳的循环对全球气候变化起着重要作用。湿地还是全球氮、硫等物质循环的重要控制因子。它还可以调节局部地域的小气候。湿地是多水的自然体，湿地土壤积水或经常处于过湿状态，水的热容量大，地表增温困难，而湿地蒸发是水面蒸发的2～3倍，蒸发量越大消耗热量就越多，导致湿地地区气温降低，气候较周边地区冷湿。湿地的蒸腾作用可保持当地的湿度和降雨量(孟宪民，1999年)。

（3）减缓旱涝灾害：湿地对防止洪涝灾害有很大的作用。近几十年来由于不合理的土地开发和人类活动的干扰，造成了湿地的严重退化，从而造成了严重的洪涝灾害。

（4）净化环境：湿地植被减缓地表水流的速度，流速减慢和植物枝叶的阻挡，使水中泥沙得以沉降，同时经过植物和土壤的生物代谢过程和物理化学作用，水中各种有机和无机的溶解物和悬浮物被截流下来，许多有毒有害的复合物被分解转化为无害甚至有用的物质，这就使得水体澄清，达到净化环境的目的。

（5）满足感知需求并成为精神文化的源泉：湿地丰富的水体空间、水边朴野的浮水和挺水植物以及鸟类和鱼类，都充满大自然的灵韵，使人心静神宁。这体现了人类在长期演化过程中形成的与生俱来的欣赏自然、享受自然的本能和对自然的情感依赖（Wilson，1984年）。这种情感通过诗歌、绘画等文学艺术来表达，进而成为具有地方特色的精神文化。

（6）教育场所：湿地丰富的景观要素、多样化的物种，为公众环境教育提供机会和场所。

当然，除以上几个方面外，湿地还有生产功能。湿地蓄积来自水陆两相的营养物质，具有较高的肥力，是生产力最高的生态系统之一，可为人类提供食品、工农业原料、燃料等。这些自然生产的产品直接或间接进入城市居民的经济生活，是人们所熟知的自然生态系统的功能。

在城市化过程中因建筑用地的日益扩张，不同类型湿地的面积逐渐变小，而且在一些地区已经趋于消失(Hashiba等，1999年；Davis等，1999年)。同时，随着城市化过程中因不合理的规划，城市湿地斑块之间的连续性下降，湿地水分蒸发蒸腾能力和地下水补充能力受到影响；随着城市垃圾和沉淀物的增加，产生富营养化作用，对其周围环境造成污染(Kondoh，2000年)。所以在城市化过程中要保护、恢复城市湿地，避免其生态服务功能退化而产生环境污染，这对改善城市环境及实现城市可持续发展具有非常重要的战略意义（图3-36～图3-39）。

图3-36

3.3.5　第五大战略：将城郊防护林体系与城市绿地系统相结合

早在20世纪50年代，与“大地园林化”和人民公社化的进程同步，中国大地就开展了大规模的防护林实践，带状的农田防护林网成为中国大地景观的一大特色，特别是华北平原上，防护林网已成为千里平涛上的惟一垂直景观元素，令国际专家和造访者叹为观止。这些带状绿色林网与道路、水渠、河流相结合，具有很好的水土保持、防风固沙、调节农业气候等生态功能，同时，为当地居民提供薪炭和用材。1978年以来，以三北防护林为代表的防护林体系则是在区域尺度

图3-36～图3-37　丰富多彩的湿地景观应作为大地生命肌体的肾加以爱护(即将消失的北京奥运公园所在地的湿地、西藏拉萨湿地)。

图3-37

图3-38　即将消失的湿地：城市扩张和房地产开发往往没能善待湿地（苏州）。

图3-39　善待湿地：湿地被得到很好地保护，并被有机地结合在居住区内（美国波士顿）。

上为国土的生态安全所进行的战略性工程。到20世纪90年代初，京津周围的防护林体系、长江中上游防护林体系、沿海防护林体系以及最近的全国绿色通道计划相继启动，从而在全国范围内形成了干旱风沙防护林体系、水土保持林体系和环境保护林体系（关群蔚，1998年），到目前为止，已启动了十大生态防护系工程，即使在全世界范围内，堪与中国如此大型国土生态系统相媲美的也只有20世纪30年代美国的罗斯福工程，20世纪40年代前苏联的斯大林改造大自然计划和20世纪70年代北非阿尔及利亚的绿色坝建设（汪愚、洪家宜，1990年）。

防护林带作为重要的线形、连续的自然景观要素，在城市生态环境中起到了重要作用。它可以是连接两个动物栖息地的廊道，或者是重要落脚点，对动物的繁衍和自然界物质能量交换，以及保护生物多样性都具有重要意义。根据国外研究，若两个林带间距大于300m时，就不利于对相关生物和植物繁衍扩散（Pirnat，2000年）。因此，需要对城郊各类动物栖息地做认真考察，保留其间的防护林带，特别要注意保持各个防护林带的连续性，使防护林带在城市中真正起到廊道的作用（图3-40～图3-47）。

但是，这些国土生态系统工程往往目标单一，只关注于防护，无论在总体布局、设计、林相结构、树种选择等方面都忽略了与城市、文化艺术、市民休闲、医疗健康、保健等方面的关系（关君蔚，1998年），同时由于行政部门的条块管理障碍，导致了这些已成熟的防护林体系，往往在城市规划和建设过程中被忽视和破坏。一些沿河林带

图3-40

图 3-41

图 3-42

图3-40～图3-44　城市郊区的农田防护林以及与河流、机耕路、国道、铁路等景观元素相结合的绿色廊道应保护并结合在城市绿地系统之中（北京、云南、西藏）。

图 3-43

图 3-44

和沿路林带，往往在城市扩展过程中在河岸整治或道路拓宽过程中被伐去。其他林网也在由农用地转为城市开发用地的过程中被切割或占用，原有防护林网的完整性受到严重损坏。

事实上，只要在城市规划和设计过程中稍加注意，原有防护林网保留并纳入城市绿地系统之中是完全可能的，具体的规划途径包括：

（1）沿河林带的保护和利用：随着城市用地的扩展和防洪标准的提高，加之水利部门的强硬措施，夹河林道往往有灭顶之灾。实际上

图3-45　几十年历史的城郊绿带在城市扩张过程中没有得到善待，往往因为规划设计或工程处理时没有充分认识到其价值和意义，而采用过于简单化的手段（北京）。

防洪和扩大过水断面的目标可以通过其他方式来实现，如另辟导洪渠，建立蓄洪湿地。而最为理想的做法是留出足够宽的用地，保护原有河谷绿地走廊，将防洪堤向两侧退后，或设二道堤。在正常年份河谷走廊可成为市民休闲及生物保护的绿地，而在百年或数百年一遇洪水时，作为淹没区。驳岸修筑方式也可采用新的土壤生物工程技术，将土壤和植物结合在一起修建堤岸，同时创造出自然水的过滤系统，保留原有防护

图3-46

图 3-47

图 3-46 ~ 图 3-47　成功的例子：通过道路断面的非常规设计，北京中关村生命科学园的双清路入口成功地将一段原防护林带保留在新建道路的绿化隔离带中，成为一条难忘的风景线（图 3-46、图 3-47 分别为扩路之前和扩路之后的情况，土人景观设计）。

林和生物栖息地（Sotir，1982 年；Li and Eddleman,2002 年）。

(2)沿路林带的保护和利用：为解决交通问题，如果沿用原道路的中心线向两侧拓宽道路，则原有沿路林带必遭砍伐，相反，如果以其中一侧林带为路中隔离带，则可以保全林带，使之成为城市绿地系统的有机组成部分。正是采用了这种方式，北京中关村生命科学园的入口处双清路成功地将一段原防护林带保留在新建道路的绿化隔离带中，成为一条难忘的风景线。更为理想的设计是将原有较窄的城郊道路改为社区间的步行道和自行车专用道，而在两林带之间的地带另辟城市交通性道路。

(3)改造原有防护林带的结构：通过逐步丰富原有林带的单一树种结构，使防护林带由单一的功能向综合的多功能城市绿地转化。在进行林带更新或者因为某些重要开发建设行为需要砍伐防护林带时，要建设新林带替代老林带。在新林带成林之前，老林带不准采伐利用。欧洲经常爆发此类的抗议活动，以保护城郊林带。

3.3.6　第六大战略：建立非机动车绿色通道

在世界城市与交通发展史上，对人行交通的安全与便捷和环境体验的关注由来已久，早在公元前两千年，西亚的古代城市巴比伦出现了铺装的干线街道。公元前四百年左右，罗马帝国开始修建用于军事的道路。当时，行人的安全与快捷就已受到重视。在意大利古城庞培，任何狭窄道路都设有人行道以确保行人的步行安全。人行道比马车道高，马车道在下雨天还起排水的作用。人行横道上排列着与人行道同高度的跳石，以便行人穿越马路。同时，依据人行横道石，明确区分了车道线。街道通向广场，在广场前设止步石，明确区分行人与马车的通行区(段里任，1984年)。

当汽车尚未横行，步行和马车还是日常出行的主要方式时，1865年，美国景观设计之父奥姆斯特德就在伯克利的加州学院与奥克兰之间规划了一条穿梭于山林的休闲公园道（Parkway），这一公园道包括了一个沿河谷的带状公园，其最初的功能之一是在乘马车的休闲者到达一个大公园之前，营造一个进入公园的气氛，并把公园的景观尽量向城市延伸（Seans，1995年；Walmsley，1995年）。之后，公园路的概念也被奥姆斯特德等人广泛应用于城市街道甚至快速车行道的设计。它不但为步行和行车者带来愉悦的感受，更重要的是其社会经济效益：公园可以成为居民日常生活的一部分，公园路两侧的地产可以增值，对投资商更有吸引力(图3-48～图3-49)。

20世纪中叶之后，汽车在北美普及，并成为道路的主宰，步行者和自行车使用者饱受尾气、噪声和安全的威胁。所以，早在20世纪60年代，威廉H．怀特(William H．Whyte)就提出了绿道(Greenway)的概念（Little，1990，P24)，主张在城市中建立无机动车绿道系统。在20世纪70年代，在丹佛(Denver)实施了北美第一个较大范围内的绿色道路系统工程（Searns，1995年）。

21世纪的中国城市居民必然将遭受同样的折磨。国际城市发展的经验告诉我们，以汽车为中心的城市是缺乏人性、不适于人居住的，从发展的角度来讲，也是不可持续的。"步行社区"、"自行车城市"已成为国际城市发展的一个追求理想，生活的社区内部、社区之间、生活与工作场所，以及与休闲娱乐场所之间的步行或非机动车联系，必将成为未来城市的一个追求。

然而，快速发展中的中国城市，似乎并没有从发达国家的经验和教训中获得启示，而是在以惊人的速度和规模效仿西方工业化初期的做法，"快速城市"的理念占据了城市大规模改造规划的核心。非人尺度的景观大道、环路工程和高架快速路工程，已把有机的城市结构和中国长期以来形成的"单位制"社会结构严重摧毁。步行者和自行车使用者的空间在很大程度上被汽车所排挤。所有的对于交通的关注都转向汽车等机动车，非机动车的通行越来越被忽视。交通混乱、堵塞困扰着人们的出行，这些都只是外在的现象，由此导致的交通事故、噪声污染、大气污染以及对人们的身心伤害才是问题的关键。据统计，自行车仍然是当前我国大城市最主要的交通方式。在许多城

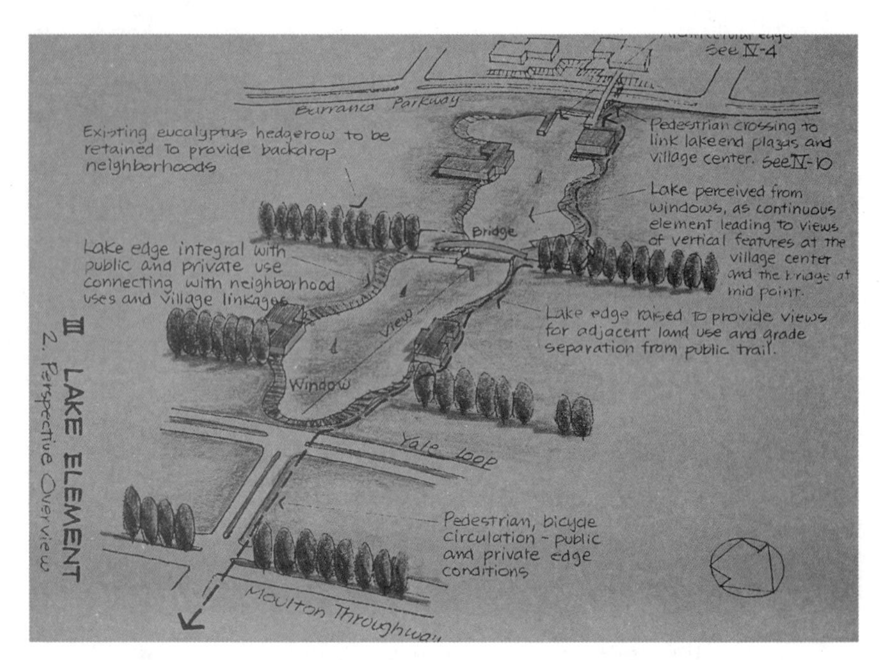

图 3-48

图 3-49

图 3-48 ~ 图 3-49　成功的例子：美国模范社区加州 Irvine 的 Woodbridge，在设计时，将原有农田防护林结合在居住区绿地中（SWA Group 设计）。

市，自行车担负着50%以上的居民的出行，这一比例远远高于公共交通和小汽车交通方式。因此，城市中的大部分人每天都在忍受着这非人行尺度的交通空间，每天都饱受汽车尾气、噪声和安全的威胁。我们的规划和建设应该建立在为了大部分人的利益上，为他们的通行创造良好的环境和条件。更何况公共交通和自行车是通向未来生态城市的道路，也是未来城市居民的交通时尚。

作为城市发展的长远战略，利用目前城市空间扩展的契机，建立方便生活和工作及休闲的绿色步道及非机动车道网络，具有非常重要的意义。这一绿色通道网络不是附属于现有车行道路的便道，而是完全脱离车行的安静、安全的便捷通道，它与城市的绿地系统、学校、居住区及步行商业街相结合。这样的绿色系统的设立，关键在于城市设计过程的把握，它不但可为步行及非机动车使用者提供了一个健康、安全、舒适的步行和自行车通道，也可以大大改善城市车行系统的压力，同时，鼓励人们弃车从步，走更生态和可持续的道路。

非机动车绿色通道在实施的过程中，尽量利用社区内部道路、河流、绿地、广场、步行街等现有的绿色空间，辅以部分专门新开辟的绿色通道，将现有的和规划的绿地如公园、环城绿带、游园、大型居住区中心绿地以及组团绿地、单位专用绿地等相连接，通过现有绿色空间的挖掘利用，增加可操作性，进行分阶段和分区域实施。在旧社区改造和城市新城区建设中，在不同空间尺度上形成社区与社区、居住地与办公区、居住地与城市文化和休闲场所及城郊自然地之间的绿色步行与自行车通道(图 3-50 ~ 图 3-57)：

图 3-50

图 3-51

图 3-52

图 3-50 ~ 图 3-52 自行车是目前中国居民最方便和最普遍的交通工具。然而，随着城市的扩张和汽车的日益普及，城市肌理和交通设施的日益“汽车化”，骑车和步行者的权益受到危害（北京）。

（1）在社区或单位内部建立

我国城市中相当多的单位和集体规模较大，因此，首先应该保证单位或社区内部的步行及自行车通行的顺畅，从而促进和加强内部人员的交流，改善他们的通行环境，为他们的工作、生活、休闲创造舒适、安全的绿色通道。

在实施过程中，尽量沿着单位内部的绿地、水体等绿色开敞空间

图 3-53

图 3-53 ~ 图 3-54　正当中国人热衷于圆我们的汽车梦的时候，国际先进城市则在努力摆脱汽车的危害，寻求更健康和生态的交通方式，自行车和步行的社区已成为时尚。图为美国加州 Irvine 社区内部及社区间的绿色非机动车道。

图 3-54

图3-55　中关村生命科学园：设计了贯穿园区的景观性步行道系统，并使之向各建筑组群中延伸（土人景观设计）。

开辟。例如，在中关村生命科学园的规划设计中，设计者设计了贯穿园区的景观性步行道系统，并使之向各建筑组群中延伸（图3-55）。

（2）在社区与社区之间建立

在我国，城市里的社区基本上都是一个个相对独立的单位，相互之间以围墙相隔，再加上小而全的功能构成，使得社区居民之间的交往相对较少。城市快速干道，非人尺度的"水泥峡谷"的修建，进一步阻碍了社区居民之间的交往。因此，在社区之间建立非机动车绿色通道是十分必要的。将社区的中心绿地连接起来，在利用现有绿地的同时，辅以部分专门开辟的绿色通道，这样保证其通达性、连续性和可及性，尤其应注意邻里社区单元间的出入口对接。

（3）在居住区与商业及文化设施之间建立

根据调查，近年来，我国城市居民出行的平均出行距离已从20世纪80年代的3～4公里提高到5公里，这个距离是自行车使用的合理范围，而且这个距离与目前的城市次级商业中心服务半径相当，因此，在居住区与商业区之间建立非机动车道是可行的。在实施过程中，尽量沿居住区的中心绿地、组团绿地与商业及文化步行街开辟非机动车通道。

（4）在社区与公园、广场及交通枢纽之间建立

在居住区与公园、广场之间建立非机动车绿色通道，将新建居住

区以及传统单位的中心绿地与公园广场连接起来，为人们在紧张的工作之后，去公园、广场进行休闲及交流提供一条安全健康而优美的绿色通道。不但为人们在到达公园与广场之前营造了一个进入公园的气氛，而且也起到将公园、广场的景观尽量向居住区和单位延伸的作用。在这里，美国波士顿的“蓝宝石项链”给我们提供了很好的范例。新加坡的“公园绿带网”计划也是如此，它以系列公园和绿带连接全岛，绿带与水系廊道及缓冲区并行，连接社区和城市中心，并与公共

图3-56

图3-57

图3-56～图3-57　与绿地和文化及商业设施相结合的非机动车廊道（北京、哈尔滨）。

交通枢纽以及学校相连，绿带中设有步行道、休息区和距离标记，人们漫步林阴下可以游遍新加坡的所有公园，并几乎可以走遍新加坡的每一个角落（张庆费，2002年）。

（5）在城市边缘社区间及郊区建立

对于城市内部的建成区尤其是旧城区，由于受长期以来已经建成的道路系统的阻碍，开辟非机动车绿色通道难度相对较大，而在城市边缘的开发区建立非机动车道则相对容易很多。城市在不断扩展和蔓延，这样为以后在更大规模的城市空间内能形成良好的非机动车通道网络打好基础。

就像城市的水系有来自城市之外的水源一样，城市的非机动车绿色通道也应延伸至郊外的自然景观之中，与区域景观系统连接起来，同时将郊区的自然景观和生态服务功能引导至城市之中。如同1865年美国景观设计之父奥姆斯特德在伯克利的加州大学与奥克兰之间规划的穿梭于山林的休闲公园道一样，在区域尺度上构成一个非机动车绿色通道网络。

3.3.7 第七大战略：建立绿色文化遗产廊道

绿色文化遗产廊道（Heritage corridors）是集生态与环境、休闲与教育及文化遗产保护等功能为一体的线性景观元素，包括河流峡谷、运河、道路以及铁路沿线。它们代表了早期人类的运动路线并将人类驻停与活动的中心和节点联系起来，体现着文化的发展历程，是一个国家或一个民族的发展历史在大地上的烙印。从早期山区先民用于交通的古栈道和河边的阡道，到秦始皇修建辐射在中华大地上的驰道和隋炀帝开凿横贯南北的京杭大运河，众多具有数千年或数百年历史的文化遗迹如明珠般被线性景观串联起来。然而，随着人口的增长、开放空间的丧失、城市的持续扩张以及交通方式的改变，特别是现代高速路网的快速发展，这些线性历史景观被无情地切割、毁弃。即便许多节点被列为地方、国家甚至世界级的保护文物，但它们早已成为一些与原有环境和脉络相脱离的零落的散珠，失去了其应有的美丽与含义。将这些散落的明珠重新串联起来，与同样重要的线性自然与人文景观元素一起，通过绿地联系起来，可以构成城市与区域尺度上价值无限的宝石项链。这同时又是无机动车穿行的漫步道和自行车走廊，它将是未来市民的生态休闲与文化教育及环境教育的最佳场所。

国际上，特别是美国的文化遗产廊道的建设经验可以给我们许多的启示(王志芳、孙鹏，2001年)。自19世纪中叶，历史文化遗产的保护逐渐成为全世界的焦点问题。保护范围不断扩大，由单个文物的保护到历史地段的保护，再至历史文化名城的整体保护，且内容不断深化。遗产廊道是美国在保护本国历史文化时采用的一种范围较大的保护措施。相对来说，美国是一个历史较短的国家，其历史文化遗存远不能同欧洲和中国相比，但它对历史的重视及适当的运用，使得短暂的历史焕发生机。遗产廊道的概念在欧洲虽未明文提出，但许多遗产的处理手法与美国的遗产廊道有异曲同工之处。这为我国遗产保护提供了新的思路（图 3-58 ~ 图 3-63）。

遗产廊道具有以下特点:

（1）线性景观，这决定了遗产廊道同遗产保护单位的区别。一处历史文化保护单位、风景名胜区或一座历史文化名城都可称之为是一个遗产单位，但遗产廊道是一种线性的遗产区域。它对遗产的保护采用区域而非局部点的概念，内部可以包括多种不同的遗产，是长达几公里以上的线性景观。

（2）尺度的灵活性，它既可以是某一城市中一条有历史文化价值的水系，也可以是横跨几个城市的一条区域性水系或道路或铁路。如美国宾夕法尼亚州“历史路径”（The Historic Pathway）是一条长2.4135km 的遗产廊道，而Los Cominos del Rio Heritage Corridor则有337.89km 长。中国的京杭大运河完全可以建成绵延千里的遗产廊道。

（3）整体性和综合性，自然、经济、历史文化及旅游和休闲功能并举，这体现了遗产廊道同绿色廊道的区别。绿色廊道强调自然生态系统的重要性，它可以不具文化特性。遗产廊道将历史文化内涵提到首位，同时强调文化教育、旅游和休闲及自然生态系统的功能。

图 3-58　美国东部沿河谷分布的、以殖民文化为特征的遗产廊道（美国麻省、莱克星顿）。

遗产廊道的概念和特点决定了在选择遗产廊道及其保护对象时，首先应体现线性景观的特点。其次，应遵循以下几个标准(Flink and Searns, 1993年)。

(1)历史重要性，历史重要性是指遗产廊道内应具有再现县、市、省或国家历史的事件和要素。景观是地方和国家历史及社会意识形态在大地上的烙印，评价景观的历史重要性需要了解当地的社会、宗教和民族文化以及当地的居住和生活模式或社会结构在其中的反映程度。

(2)建筑或工程技术上的重要性，指的是遗产廊道内的建筑具有形式、结构、演化上的独特性，或是运用了特殊的工程措施。要考虑

图3-59

图3-60

图3-59～图3-60　长城、运河可以构成中国最具特色和价值的遗产廊道。

图3-61　都江堰灌溉工程系统可以成为川西平原上最富有意义的遗产廊道。

图3-62　北京中轴线是联系元、明、清帝王与平民众多历史文化古迹的遗产廊道。

哪些人工构筑物或建筑具有地方的重要性，哪些建筑是社区所独有的，哪些是全国都普遍存在的形式。

（3）对自然系统的重要性，廊道内的自然元素是人类生活方式形成的基础，同时也是整个廊道形成的基础。评价廊道的重要性有赖于其在当地生态、地理或水文学上的意义，以及所研究的廊道是否具有完整的、基本未被破坏的自然历史，场地是否由于人类活动和开发而

图3-63 华夏大地上的众多历史遗迹，哪怕是残垣断壁和土丘地痕，都在讲述着这块土地的故事，应珍惜它们的存在，把它们的故事串起来，让它们成为遗产廊道的组成部分（河南战国古城遗址）。

受到改变，哪些自然要素是景观的主体从而决定着区域的独特性。

（4）经济重要性，指保护廊道是否能增加地方的税收、旅游业和经济发展等。这在很大程度上取决于遗产廊道的风景与休闲价值。

遗产廊道的建立有赖于法律保障和管理体系的建立。在美国，遗产廊道的保护隶属于国家公园体系，制定、规划及管理的整个过程都有法律保障并得到政府各方面的大力支持。1966年议会通过的《国家历史保护法（The National Historic Preservation Act)》进一步规定并扩大了联邦政府在遗产保护中的作用。遗产廊道的制定需有专门的组织或政府机构进行提名和进行评价，然后由议会审议通过。1984年议会指定了第一条遗产廊道——伊利诺伊河和密歇根运河（The Illinois and Michigan Canal）国家遗产廊道，此廊道建于19世纪30～40年代，位于密歇根和伊利诺伊河之间。随后在1986年、1988年、1994年、1996年，议会又从一大串名单中选择指定了9个新的区域，包括黑石河峡谷国家遗产廊道及特拉华和莱通航运河国家遗产廊道（Delaware and Leigh Navigation Canal National Heritage Corridor）等。在遗产廊道获得议会通过的同时，还制订了专门的有针对性的保护法律，例如美国议会1984年就制订了《1984年伊利诺伊和密歇根运河国家遗产廊道法（Illinois and Michigan Canal National Heritage Corridor Act of 1984年)》。

遗产廊道的保护规划注重整体性，从系统的整体空间组织着手，保护遗产廊道边界内所有的自然和文化资源并增加休闲和经济发展的机会。从空间上进行分析，遗产廊道主要有4个构成要素：绿色廊道、游步道、遗产、解说系统。遗产廊道的规划也主要以这4部分为内容（王志芳、孙鹏，2001年）为依据。

可以预见，融历史文化、自然生态及旅游休闲和文化教育为一体的绿色遗产廊道将在未来中国大地景观上构筑起一个迷人的网络，其中也充满了商机。对此，城市的决策者们是否有充分的认识，并把握先机，使这个网编织得更容易和更富有诗意，而不是为其设置障碍。

3.3.8　第八大战略：开放专用绿地，完善城市绿地系统

单位制是中国城市形态的一大特征，围墙中的绿地往往只限于本单位人员享用，特别是一些政府大院、大学校园。由于中国社会长期受到小农经济的影响，大工业社会形态很不发育，对围合及领地的偏爱，形成了开放单位绿地的心理障碍（俞孔坚，1998年）。而对现实的安全和管理等的考虑也强化了绿地的“单位”意识。但现代的保安技术早已突破围墙和铁丝网的时代。事实上，让公众享用开放绿地的过程，正是提高其道德素质和公共意识的过程，在看不见的保安系统下，一个开放的绿地可以比封闭的院落更加安全（图3-64～图3-66）。

开放专用绿地应作为城市开放空间建设的长期而艰巨的战略性任务来对待，这不但需要打破原有的单位领地意识，更重要的是要在新扩建的每一个地块中落实这一战略。具体的措施包括（图3-67～图3-71）：

(1)新建地块应留有足够的建筑红线退让，统一进行地块设计，以形成连续的公共开放系统。

图3-64　开放的办公园区，园区私有绿地成为公共绿地的组成部分（美国硅谷）。

图3-65 开放的居住区边界，私人领地有电子监控和有明确的警示（美国加州San Marino）。

图3-66 连续而开放的河流廊道，作为城市设计的最重要元素（美国波士顿查尔斯河，作为“蓝宝石项链”的主要元素）。

图3-67 滨江廊道没有充分利用，作为城市开放空间，被割断成为私人或单位用地（温州）。

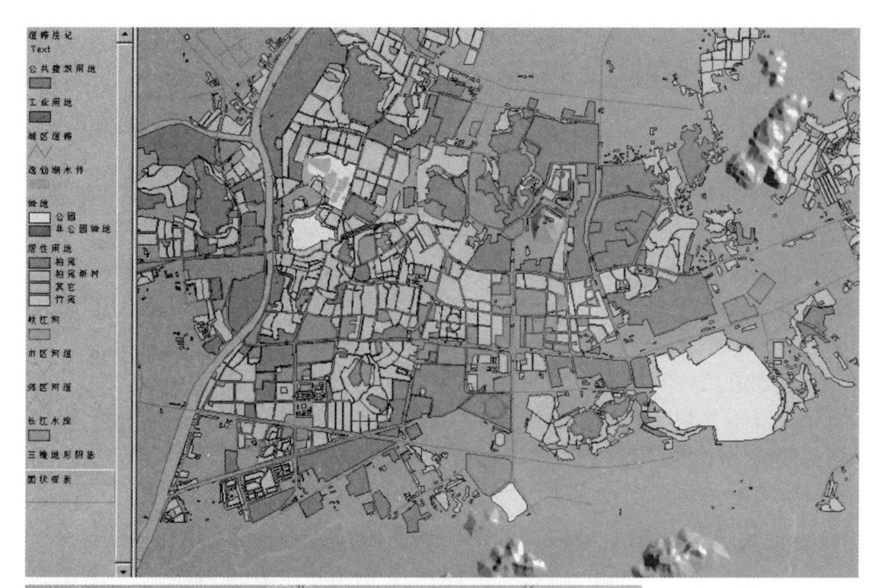

图3-68　广东中山土地利用现状（1997年）：绿地河流及山体被建设用地孤立和围困。

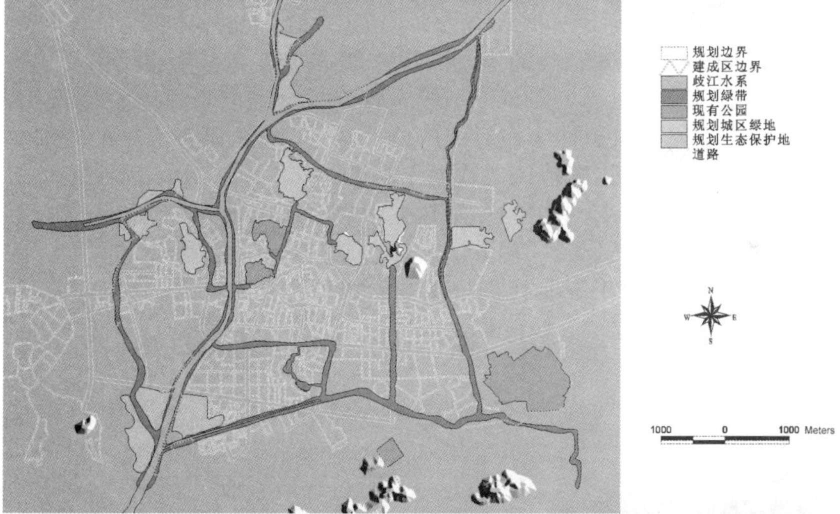

图3-69　建立连续的公共绿地和开放系统，将河流、山体、城市公园及步行系统连为一体，从而增强可达性（北京大学景观规划设计中心设计，俞孔坚、叶正等，1999年；俞孔坚、段铁武等，1999年；刘惠林，2002年）。

图3-70～图3-71　通过整体规划和单元地块的控制性设计，建立连续开放的城市绿地空间（中关村丰台科技园规划，土人景观设计，俞孔坚等，2000年）。

(2)对连续的景观元素，如水系廊道、遗产廊道，应打破单位用地红线的限制，维护景观的连续性。

(3)维护非机动车绿色通道在穿越用地单元时的连续性和完整性，建立便捷的非机动车出入口。

(4)维护自然景观元素对城市居民的可达性，特别是水体、林地、山地和农田等未来重要的休闲资源与城市的连通性。而事实上，中国目前大多数城市中及周围的自然景观无论从视觉上还是从可达性上，都被沿这些景观元素分布的机关单位或其他土地占有者团团围住(图3-21～图3-22、图3-68)，使有限的生态服务系统得不到共享。

连续的绿色应成为未来中国城市的一个基底，是每个市民的共享空间，而不是特权拥有者的后花园。这是一个国家或一个城市是否摆脱小农意识的重要标志。

3.3.9 第九大战略：溶解公园，使其成为城市的绿色基质

作为大工业时代的产物，公园从发生来讲有两个源头：一个是贵族私家花园的公众化，即所谓的公共花园，这就使公园仍带有花园的特质，1843年，英国利物浦市动用税收建造了公众可免费使用的伯肯海德公园（Birkinhead Park)，标志着第一个城市公园正式诞生。公园的另一个源头源于社区或村镇的公共场地，特别是教堂前的开放草地。早在1634年，英国殖民者在波士顿购买了18.225km²的土地为公共使用地。自从1858年纽约开始建立中央公园以后，全美各大城市都建立了各自的中央公园，形成了公园运动（Pregill and Volkman，1993年)。作为对工业时代拥挤城市的一种被动的反应，城市公园曾

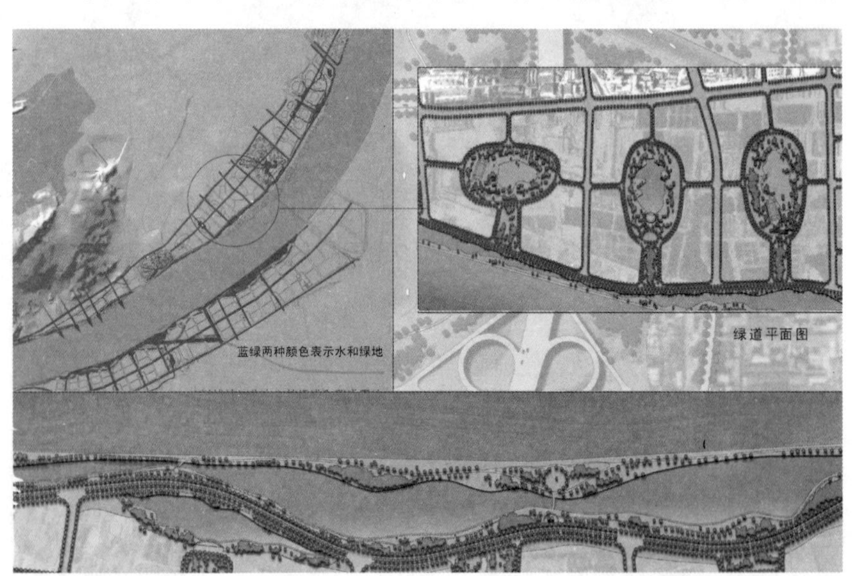

图3-72 钱塘江新区概念设计：沿江开挖平行于江面的亲人和生态水系；建立连续的绿道和蓝道网络，形成连续开放的城市公共空间，公园被溶解入社区中，成为城市的生命基质（土人景观和北京大学景观设计中心方案）。

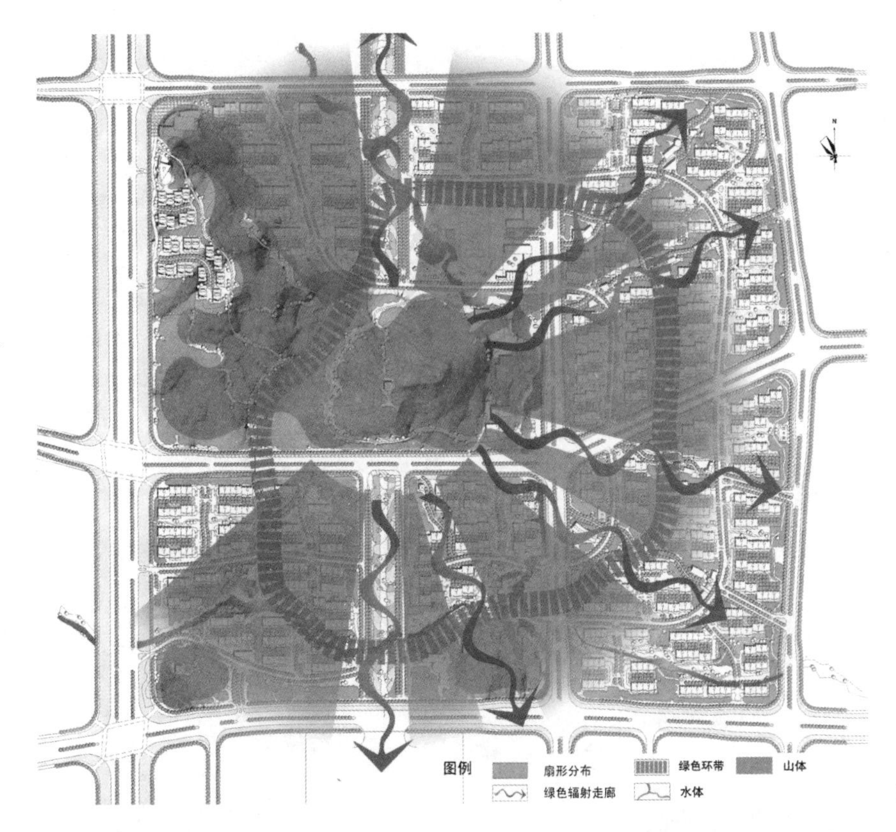

图 3-73

一度在西方国家成为一个特别的观光旅游点和节假日休闲地，那是需要全家或携友人长途跋涉花上一天时间，作为一项特殊活动来安排的。

当上个世纪初公园随着帝国主义的坚船利炮首次在上海租界出现的时候，它们还是“华人与狗不得入内”的洋人的专利。新中国成立后的半个多世纪中，千万座公园已在中国大大小小的城市中涌现，无疑为改善城市环境起到了积极的作用。但随着社会与城市的发展，公园的内涵已发生了深刻的变化。但作为游逛场所的“公园”概念，至今普遍存在于中国各大城市的公园设计、建设与管理中。在城市用地规划中，公园作为一种特殊用地，如同其他性质的用地一样，被划出方块孤立存在，有明确的红线范围。设计者则挖空心思，力图设计奇景、异景，建设部门则花巨资引种奇花异木、假山、楼台，甚至各种娱乐器械，以此来吸引造访者。而公园的管理部门则以卖门票为生，用以供养一大批公园管理者，并称此为“以园养园”。这实际上是对公园性质的误解。把公园视同娱乐场所、主题公园和旅游点。

正如所有事物皆有其发生、发展和消亡过程一样，传统意义上的公园也在消亡。在现代城市中，公园不再是市民出门远游的一个特殊场所，而是日常生活和身心再生所必需的“平常景观”，是居民日常

图 3-74

图3-73 ~ 图3-74 将公园溶入居住社区（长沙市公务员社区概念设计、北京山水文苑，土人景观设计）。

工作与生活环境的有机组成部分，随着城市的更新改造和进一步向郊区化扩展，工业化初期的公园形态将被开放的城市绿地所取代。孤立、有边界的公园正在溶解，而成为城市内各种性质用地之间以及内部的基质，并以简洁、生态化和开放的绿地形态，渗透到居住区、办公园区、产业园区，并与城郊自然景观基质相融合。这意味着城市公园在地块划分时不再是一个孤立的绿色块，而是弥漫于整个城市用地中的绿色液体（俞孔坚，2000、2001 年）(图 3-72 ~ 图 3-75)。

之所以溶解公园概念具有战略意义，是因为它需要城市规划的制定者和管理者，以及决策者改变固有的公园概念，并通过城市规划的各个阶段来实现。

图3-75　日本筑波科学城中的农田景观作为良好的市民休闲场所（俞孔坚，2000年）。

3.3.10　第十大战略：溶解城市，保护和利用高产农田作为城市的有机组成部分

保护高产农田是未来中国可持续发展的重大战略，霍华德的田园城市模式也将乡村农田作为城市系统的有机组成部分。早在1958年，毛泽东就曾发出“大地园林化”的号召。20世纪60～70年代，中国城市绿化的一个方针是园林结合生产，尽管是在左倾思想指导下提出的一个口号，但在现代看来却可以有新的理解和实践意义。

随着网络技术、现代交通及随之而来的生活及工作方式的改变，城市形态也将改变，城乡差别缩小，城市在溶解，正如公园在溶解一样。而大面积的乡村农田将成为城市功能体的溶液，高产农田渗入市区，而城市机体延伸入农田之中，农田将与城市的绿地系统相结合，成为城市景观的绿色基质。这不但改善了城市的生态环境，为城市居民提供了可以消费的农副产品，同时，还提供了一个良好的休闲和教育场所，日本筑波科学城就保留了大片的农田，即起到了良好的效果（俞孔坚，2000年）。

要认识和实现将城市溶解入田园的战略，必须对以下几个方面有清醒的认识：

（1）历史必然性

在农业社会里，城市与乡村具有明显的界限。在公元前三千年，苏美尔人的城市乌尔筑起了城墙并在墙外挖建壕沟以抵御敌人，在历史上第一次把紧密的建筑群同开敞的自然环境隔离开（贝纳沃罗，2000年）。在工业社会里，城市得到了快速发展，很多城市突破原有

城墙的界限，向周围的乡村地区发展，城市与农村的界限变得模糊，出现了城市与农村的交错地带。到了信息社会（以美国为例），住宅大量地向郊区发展，有的甚至蔓延到几十公里远的地方，城市与农村相互融合。大面积的乡村农田将成为城市功能体的溶液，高产农田渗入市区，而城市机体延伸入农田之中，农田将与城市的绿地系统相结合，成为城市景观的绿色基质。这里必须说明的是，农田向城市延伸或将高产农田保留在城市中，并不是要反对紧凑型城市形态，相反，要让组团式、紧凑型的城市与农田基质相互共生而存在。

在城市规划思想演进中，自古希腊自由之城开始就注意使城市与大自然处于平衡状态。空想社会主义的城市思想也是将城市与乡村融为一体。19世纪末霍华德的田园城市针对工业革命以后城市的污染和贫民窟等问题把乡村和城市的改进作为一个统一的问题来处理，使城市溶解在农村之中（霍华德，2000年）。凯文·林奇在《城市形态》一书中认为“对自然风光的偏爱遍布于各个阶层，至少在美国是这样”，因此“城市和有人居住的乡村始终是一体的”（凯文·林奇，2001年）。麦克哈格(McHarg)的设计就将城市与自然、城市与农村结合起来进行区域景观规划。后现代城市中最典型的有机城市、生态城市等模型反映了对自然的回归和高度的开放性。后城市时代的中间景观（Middle landscape）实际上是后工业化时代城市与农村的不断融合，反映的是城乡一体化的景观（Lerup，1999年）。随着近代生态科学的发展，对城市中的生态环境日益关注，对原始的农业环境更加注意保护。

如果说霍华德等人的城乡一体化思想仅仅是一种规划理念和设想，在实际中往往很难实现，现代网络技术、现代交通则改变了传统的城市形态，将使城乡一体化成为现实。随着网络技术的迅猛发展，城市与乡村的联系将更加紧密，城乡差别将不断缩小。未来判别城市与乡村的界限将不再是农业时代的城墙，工业时代的城市水、电、气等基础设施，而是信息时代的信息基础设施。在信息时代，人们的工作方式和居住方式将发生变化。人们的工作场所将更加自由，人们可以在路上利用车载台进行工作，也可以居家工作，这些方式部分地取代了传统的工作场所。工作场所的改变将会引起人们居住方式的改变。自然环境优美、气候宜人的乡村地区将会吸引那些可以自由地进行远程工作而收入相对较高的白领阶层来居住。

随着通讯技术的改进，未来农村地区可以通过无线通讯系统、卫星通信系统以及利用原有的供电和电话线等进行远程数字通信，使农村地区可以享受到城市中的服务如教育、医疗和其他服务，这就使得城市与乡村之间的差别缩小、中心区与外围区变得越来越模糊（Mitchell，1999年）。

总之，向往城乡一体化的城市形态是城市规划史中的一条思想主线，反映了人们对城乡融合的强烈愿望。而信息技术将使这一愿望变成现实，它将会改变传统的城市形态，使城市与农村的界限变得模糊，城市将不断溶解在广大的乡村田园之中。

（2）农田溶入城市的战略意义：生态服务功能

在城市中引入的农田，不仅具有生产功能，还有改善环境、休闲娱乐等多种生态服务功能。

第一，生产功能。保护高产农田是未来中国可持续发展的重大战略。霍华德在城乡一体化的田园城市中设想农民由于在家门口就有市场，减少了各种交通费用，可以增加田园城市的地租。随着城市规模的扩张，城市居民需要的各种农副产品也会剧增。城市中的农田可以部分缓解这一矛盾，增强城市的自我服务功能。

第二，环境改善功能。城市中的农田更主要的生态服务功能是改善环境。如果说其生产功能反映了农业的基本功能，可以被广大乡村中的农田所替代，但其同时具有的对水文和大气质量、温湿度的改善作用，以及物种和景观的多样性、季相的丰富性所带给城市的活力是郊外的田园和城区的绿地所不能替代的。

第三，休闲和教育功能。农田景观其本身具有很高的美感度，城市中引入农田使广大居民很方便地到农田中休闲。居民可以亲手种植、维护和采摘农业的成果，对青少年尤其具有教育功能，对老年人是一种休闲和回忆（图 3-76 ~ 图 3-77）。

（3）城市农田：优于城市公园的成本效用比

在城市建设中，城市农田同城市公园比较，有许多优越性，它可以将废弃的土地利用起来，这些农场可以通过社区居民进行维护，大大降低了运行成本，可以使拆迁的费用降到最低，还有利于居民的到访。下表是英国国会周边地区同样位于有 2500 名儿童的居住小区内的 $3hm^2$ 城市公园和城市农田的成本效用比较。显然，城市农田作为城市休闲与开放空间具有很多的优点，是未来发展的一个方向。

城市农田与城市公园成本效用比较表（引自 Hough，1989 年）

成本效用比较	城市公园（Lisson Green Estate Playground）	城市农场（city farm 1）
投资	75000 英镑（不包括拆迁费用）	5690 英镑
拆迁费用	24000 英镑	20 英镑
每年运行成本	10176 英镑	4200 英镑
成年人到访率	0	19000 人
儿童到访率	35000 人	有组织的 49640 人和随机的 25000 人

英国在1979年时就有二十多个社区引入城市农场，还有相应的机构（Inter-Action Advisory Service）为其提供技术和资金支持（Hough，1989年）。法国在建设新城时引入农业景观，把农田作为绿地引入城内及城市周围，使城区的绿地、水面达到40%，并用农田作为城市与城市之间的隔离带，他们称之为“建设没有郊区的新城”（黄序，1997年）。

然而，无论是农田保护政策也好，田园城市或园林结合生产的理念也好，在现代中国城市扩张模式以及规划和管理方式上，农田实际上都很难在城市用地范围内存在。究其原因，主要有以下几个方面：

第一，从经济学的角度分析，由于城市的聚集效应，它可以创造很高的劳动生产率及很强的扩大再生产的能力。农村与城市现代化大生产相比仍然摆脱不了分散经营的方式，而且与房地产开发获得的高额利润相比，经营农业所获得的利润是有限的（黄序，1997年）。面对着入世的挑战，单位土地面积上的利润率可能进一步降低，使农业在城乡经济发展中更加处于弱势地位，如果不加以保护，就会出现缺乏活力，甚至萎缩的状况。

第二，从现行的城市规划与管理体制上，从总体规划和审批开始，城市就是一个边界明确的土地利用单位，凡是进入城市边界的所有土地都成为城市开发建设用地，当然还包括绿地系统。城市规划在一个有限的边界内进行，在寸土寸金的“城市”中，一般不允许有农业用地的存在。这是规划及规划法本身的错误。

第三，从人们传统的审美观上，现行的城市规划和决策者们大都会认为，农田是农村的象征，是落后生产力的表现，是不美的景观，

图3-76　城市中的“自留地”，是居民周末的良好休闲场所（瑞典斯德哥尔摩）。

图3-77　农业和收获给城市居民带来的欢乐，对年轻一代具有很好的教育意义，对老一代则是充满诗意的回忆。

与先进的城市文明是格格不入的，决策者们一般不容许在城市建成区内还保留着农业社会时代的气息，即使有部分农田残留斑块，也很快会被城市公园或高大的建筑物所替代。

这些原因所造成的结果都会因为决策者的眼光和胆识而改变。城市规划者和决策者应该从未来城市生态基础设施建设的战略高度出发，充分认识到在城市中保护农田的紧迫性，在城市规划和管理中将高产农田纳入城市生态系统中，使其成为城市景观的有机组成部分。农田渗入城市，城市溶解于广大的农业用地中，反映了人们对自然的回归，反映了城乡一体化的新的景观格局。

3.3.11　第十一大战略：建立乡土植物苗圃

至少从汉武帝造上林苑开始，中国人就开始热衷于到大江南北引种奇花异木，并将其作为进献朝廷的贡品。16世纪以后，随着哥仑布发现新大陆以及以此为代表的地理大发现，引种和驯养异国植物和珍禽异兽，成为欧洲皇宫贵族之时尚，曾从美洲、非洲、大洋洲，特别是中国引去大量奇花异卉，装点花园和城市，尤其是中国的杜鹃花独霸英国的园林，因而才有中国乃世界园林之母一说。然而，上世纪初即见端倪的环境危机，20世纪60～70年代的环境主义运动，20世纪80～90年代以来对乡土生物多样性的强调，使世界各国把乡土物种的保护作为重要的生态和环境保护战略，哪怕是野草也值得珍惜，这是关于自然与环境的伦理的深刻变革。广东中山歧江公园的设计中，大量使用了当地的野草，取得了良好的效果，正是体现了这一先进理念（俞孔坚，2001年；俞孔坚、庞伟，2002年）。

图3–78 不可取的办苗圃方式：急功近利，搜奇猎趣。尽管目前城市建设中已出现严重的苗木短缺现象，广大乡村许多百年以上古树依然惨遭厄运，但尽快建立乡土苗木基地仍不失为亡羊补牢之策（长沙的大树囤积场）。

相比之下，在中国广大城市的绿化建设中除了不惜工本，到乡下和山上挖大树进城以外，已很难看到各地丰富的乡土物种的使用。虽然，中国大地东西南北气候差异明显，地带性植物区系多样，但人们在城市大街上可见的绿化植物品种依然单调，且往往多源于异地。究其原因，不外乎两个：

其一，观念，即城市建设者和开发商普遍酷爱珍奇花木，而鄙视乡土物种。这本质上也是农耕文化与暴发户意识的反映。

其二，缺乏培植当地乡土植物的苗圃系统，这是以往城市规划的战略性失误，源于对城市建设需求的估计不足。

要解决上述问题，前者有赖于文化素质的普遍提高，而后者则要有前瞻性的物质准备。因此，建立乡土植物苗圃基地，应作为每个城市未来生态基础设施建设的一大战略。尽管目前城市建设中已出现严重的大苗短缺现象，广大乡村许多百年以上古树依然惨遭厄运，尽快建立乡土苗木基地仍不失为亡羊补牢之策(图3-78)。中国的城市化进程之迅疾远远超出了以往人们的想像，但同时，未来城市景观建设的路程却要比现在每个人想像的要漫长得多。近二十到三十年中国城市景观建设的急功近利为今后一个世纪的城市更新和重建提供了借口和机会，这也就意味着乡土植物苗圃系统的建立至少在近一个世纪内不会过时。更何况国际上先进国家的城市景观建设仍然方兴未艾。

结　语

早在20年前，生态学家奥德姆(Odum)(1982年)就指出人类的小决策主导，而不做大决策，是导致生态与环境危机的重要原因。中国古人亦云：人无远虑必有近忧。而对于异常快速的中国城市化进程，城市规划师和城市建设的决策者不应只忙于应付迫在眉睫的房前屋后的环境恶化问题，街头巷尾的交通拥堵问题，而更应把眼光放在区域和大地尺度来研究长远的大决策、大战略，哪怕是牺牲眼前的或局部的利益去换取更持久和全局性的主动，因为只有这样，规划师才有他的尊严，城市建设和管理者才有其从容不迫，城市的使用者才有其长久的安宁和健康。从这个角度来讲，眼下轰轰烈烈的城市美化和建设生态城市的运动，至少是过于短视和急功好利的，与建设可持续、生态安全与健康的城市，往往南辕北辙：拆掉中心旧房改成非人尺度的铺装广场，推平乡土的自然山头改成奇花异木的“公园”，伐去蜿蜒河流两岸的林木，铲去其自然的野生植物群落，代之以水泥护岸，把有千年种植历史的高产稻田改为国外引进的草坪，更不用说那些为了应付节庆和领导参观的临时性的花坛摆设，而所有这些往往被戴上了“民心工程”的帽子，作为政绩加以推广和宣传，其谬大焉（俞孔坚，2000年）。

当然，对战略性的城市生态基础设施本身和城市未来发展趋势的理解，是建立前瞻性的城市生态基础设施的前提。同时，必须认识到，在一个既定的城市规模和用地范围内，要实现一个完善的生态基础设施，势必会遇到观念、法规与管理上的困难，而其中最关键的是要对传统城市规划与方法提出挑战。所以，规划师认识水平的提高，决策者非凡的眼光和胸怀，以及对现行城市规划及管理法规的改进，是实现战略性城市生态基础设施的保障，而“反规划”方法是实现城市生态基础设施建设的途径。

城市景观的光明之路在于运用“反规划”的思维方式，进行城市生态基础设施的建设。

参 考 文 献

Beatly, T. , 2000, Green Urbanism: Learning From European Cities. Island Press.

Bolund, P.and Hunhammar , S. , 1999, Analysis Ecosystem services in urban areas, ecological ecomonics, (29): 293-301.

Costanza, R.and H.E.Daily , 1992, Natural capital and sustainable development.Conservation Biology. (6): 37-46.

Cullingworth, Barry. 1997 , Planning in the USA: Policies, issues and processes.Routledge.London.

Daily, G. , 1997, Nature' s Services: Society Dependence on Natural Ecosystems.Island Press , Washington, D.C.

Davis, J.A. and Froend , R. , 1999, Loss and degradation of wetlands in southwestern Australia underlying cause,consequences and solution, Wetland Ecology and Management, (7): 13-23.

Faludi, A. , 1987, A Decision-centered View of Environmental Planning. Pergamon Press.

Fleming,Laurence and Gore,A. ,1988,The English Garden. Spring Books.

Flink, C.and Searns. , R. , 1993, Greenways.Island Press , Washington.

Forman, R.T.T.and Godron , M. , 1986, Landscape Ecology. John Wiley , New York.

Forman, R.T.T. , 1995, Land Mosaics: The Ecology of Landscapes and Regions.Cambridge University Press.

Gandelson, M. , 1999, X-Urbanism: Architecture and the American City. Princeton Architectural Press.New York.

Gardeners' Art Through the Ages, 1970, 5th edition, revised by Horst de la Croix and Richard G.Tansey , Harcourt, Brace & World, Inc. , PP.430-431

Hall, P.r , 1997, Cities of Tomorrow.Blackwell Publishers.Malden , MA. USA.

Hansson, L. , F. , et al. , Eds. , 1995, Mosaic Landscapes and Ecological Processes, London, Champman & Hall.

Harris, L.D. , 1984, The Fragmented Forest: Island Biogeography Theory and Preservation of Biotic Diversity.Chicago , IL. , University of Chicago Press.

Harrison,P.1995 , Walter Burley Griffin:Landscape Architect.National Library of Australia.

Hashiba, H. , Kameda, K. , Sugimura, T.and.Takasaki , K. , 1999, Analysis of landuse change in periphery of Tokyo during last twenty years using the same seasanal landsat data.Advanced Space research , 22 (5): 681-684.

Hough, M. , 1989, City Form and Natural Process. Routledge Kondoh , J.N. , 2000, Changes in Hydrological Cycle Due to Urbanization in the Suburb of Tokyo Metropolitan Area, Japan, Advanced Space research, 26 (7): 1173-1176.

Kostof, S. , 1991, The City Shaped: urban History and Meanings Through History. A Bulfinch Press Book ,Little,Brown and Company. Boston.

Lai, R.T. , 1988, Law in Urban Design and Planning: the Invisible Web. Van Nostrand Reinhold Company. New York.

Lerup, L. , 2001, After The City, The MIT Press, Cambridge, MA, USA.

Li,M-H.and Eddleman,K.E.,2002 ,Biotechnical engineering as an alternative to traditional engineering methods:A biotechnical streambank stabilization design approach.Landscape and Urban plan. (60):225-242.

Little, C. , 1990, Greenways for America.John Hopkins University Press , Baltimore, MD.

Lovelock, J. , 1979, Gaia: A New Look at Life on Earth. Oxford University Press.Oxford

Lynch, K. , 1960, Image of the City, MIT Press. Cognition and Environment Functioningin an Uncertain World.New York ,Praeger.

Mander, U.E. , Jagonaegi , J. and Kuelvik , M.1988 , Network of compensative areas as an ecological infrastructure of territories. In , Schrieiber, K.-F. (ed.), Connectivity in Landscape Ecology, Proceedings of the 2nd International Seminar of the International Association for Landscape Ecology.Ferdinand Schoningh.Paderborn , PP.35-38.

McHarg I. , 1981, Human ecological planning at Pennsylvania. Landscape Planning , (8): 109-120.

McHarg, I. , 1969, Design with nature. Natural History Press , New York.

Merriam, G.1984 , Connectivity: a fundamental characteristic of landscape pattern. In Brandt , J.and P.Agger (eds.), Proceedings of the first International Seminar on Methodology in Landcape Ecological Research and Planning (Vol.1) Roskilde, Denmark: Roskilde Universitetsfolag GeoRuc. PP.5-15.

Michtel, W. , 1999, E-topia.MIT Press.

Mumford, Lewis, 1961, The City in History: Its Origins, Its Transformations and Its Prospects.A Harvest Book , Harcourt Brace & Company. San Diego.

Naveh, Z.and A.S.Lieberman.1984 , Landscape Ecology: Theory and Application.Springer-Verlag , New York.

Newton, Norman T. , 1971, Design on The Land: The Development of Landscape Architecture.The Belknap Press of Harvard University. Cambridge, MA.USA.

Noss, R. H. , 1991, Landscape connectivity: Different functions at different scales.Landscape Linkages and Biodiversity.Defenders of Wildlife. Island Press.27-39.

Odum, W.E. , 1982, Environmental degradation and the tyranny of small decisions. Bio Science , 32 (9): 728-729.

Orland, B. , 1996, Aesthic preference for rural landscapes: some resident and visitor difference. In: Jack L. Nasar (ed.), Environmental Aesthetics, Cambrideg University Press. 364-378.

Pirnat, R. , 2000, Conservation and management of forest patches and corridors in suburban landscapes, Landscape and Urban Planning 52 (2000): 135-143.

Pregill, P. and Volkman , N. , 1993, Landscape in History.Van Nostrand Reinhold. New York.

Register, R. , 1994, Eco-cities: rebuilding civilization, restoring nature. In: Aberley, D. (ed.), Futures by Design. The Practice of Ecological Planning. New Society Publishers , Canada.

Relph, E.1976 , Place and Placeless.London , England, Pion Limited.

Risser, 1987, Landscape ecology: State of the art.In Turner , M.G.ed. Landscape Heterogeneity and Disturbance.New York.Springer-Verlag. PP.3-14.

Roseland, M. , 1997, Dimensions of the future, an eco-city overview. In: Roseland, M. (ed.): Eco-city Dimensions: Healthy Communities, Healthy Planet.New Society Publishers , Canada.

Saunders, D.A.and Hobbs , R.J. , 1991, Nature Conservation: The Role of Corridors.Surrey Beatty & Sons.Chipping Norton NSW.

Schreiber, K-F.1988 , Connectivity in Landscape Ecology, Proceedings of the 2nd International Seminar of the International Association for Landscape Ecology.Ferdinard Schoningh , Paderborn.

Seans, Robert M. , 1995, The evolution of greenways as an adaptive urban landscape form.Landscape and Urban Plann , (33): 65-80.

Selm, A.J.Van. , 1988, Ecological infrasture: a conceptual framework for designing habitat networks.In Schrieiber , K.-F. (ed.), Connectivity in Landscape Ecology, Proceedings of the 2nd International Seminar of the International Association for Landscape Eclogy.Ferdinand Schoningh.Paderborn , PP.63-66.

Sim van der Ryn and Cowan, S. , 1996, Ecological Design, Island Press Washington.D.C.

Sotir,R. ,1998,Brushing up on Erosion Control,American City & County. 1998.2.

Steiner, F.Young , G.and Zube , E. , 1987, Ecological planning: Retrospect and prospect.Landscape Journal , (7): 31-39.

Steinitz, C. , Parker, P.And Jordan , L. , 1976, Handdrawn overlay: Their history and prospective uses.Landscape Architecture 66 , (5): 444-55

Steinitz, C. , 2001, 黄国平译. 景观规划 - 思想发展史. 2001 年在北京大学的讲演. 中国园林, (5): 92-95.

Steinitz, C.1990 , A framework for theory applicable to the education of landscape architects(and other design professionals),Landscape Journal, 9 (2): 136-143.

Toman, R.(ed.), 2000, Neoclassicism and Romanticism.Konemann Verlagsgesellschaft mbH.

Ton, S. , Odom, H.T. , J.J.and Delfino , 1998, Ecological-economic evaluation of wetland management alternatives, Ecological Evironment,(11): 291-302.

Turner,M.G.1989 ," Landscape ecology: the effect of pattern on processes." Annual Review of Ecology and Systematics, (20): 171-197.

Ulrich,R.S.1983 ,Aesthetic and affective response to natural environment. Behavior and Natural Environment.New York , NY, Plenum Press. 85-125.

Walmsley, A. , 1995, Greenways and the making of urban form.Landscape and Urban Plann, (33): 81-127.

Walter, B. , Arkin, L. , and Crenshaw, R. (Eds.), 1992, Sustainable Cities Concepts and strategies for Eco-city Development. Eco-Home Media , Los Angeles.

Warntz, W. , 1966, The topology of a social-economic terrain and spatial flows.In : (Thomas, M.D.s), Papers of The Regional Science Association.University of Washington , Philadelphia, PP.47-61.

Warntz, W. , 1967, Geography and The Properties of Surfaces, Spatial Order — Concepts and Applications.Harvard Papers in Theoretical

Geography, No.1.
William, M., Gosselink, J.and James G., 2000, The value of wetlands: importance of scale and landscape setting Ecological Economics, Volume: 35 (1): PP.25-33.
Wilson, William., 1999, The City Beautiful Movement.The Johns Hopkins University Press. Baltimore.
Wilson, O.Edward.1984, Biophilia.Harvard University Press.Cambrideg, MA.
Yu,K-J,1996, Security patterns and surface model in landscape planning. Landscape and Urban Planning, 36 (5): 1-17.
Yu, K-J., 1995, Security Patterns in Landscape Planning: With a Case In South China', doctoral thesis, Harvard University.
Yu, K-J., 1995, Cultural variations in landscape preference: comparisons among Chinese sub-groups and Western design experts, Landscape and Urban Planning, 32, 107-126.
Yu, K-J., 1996, Ecological security patterns in landscape and GIS application.Geographic Information Sciences.1 (2): 88-102.
Yu, K-J.1994, Landscape into places: Feng-shui model of place making and some cross-cultural comparisn.In, Clark, J. D. (Ed.) History and Culture. Mississipi State University, USA. PP.320-340.
Zube, E., 1995, Greenways and the US National park system.Landscape and Urban Plann. (33): 17-25.
艾丹.居住区改造作为一个文化问题 从西方的角度看北京的旧城改造.建筑学报，1998，(2): 47～49
贝纳沃罗. L. 著，薛钟灵等译.世界城市史.北京：科学出版社，2000
陈秉钊. 21 世纪的城市与中国的城市规划.城市规划，1998，(1): 13～15
陈秉钊.变革年代多变的城市总体规划剖析和对策.城市规划，2002，(2): 49～51
陈沧杰，邹兵，杨地等.城市广场——一个值得研究的热点问题.城市规划，2002，(2): 90～94
陈俊愉，余树勋等.关于“大树移植”的笔谈.中国园林，2001，(1): 90～92
陈为邦.世纪之交对我国城市规划的几点思考.城市规划，2001，25 (1): 7～11
陈晓丽.城市化与城市发展问题.城市规划汇刊，2000，(4): 1～3
仇保兴.从法的原则来看《城市规划法》的缺陷.城市规划，2002，(4): 11～14，55
仇保兴.规划工作的形势和任务.城市规划，2002，(1): 7～9
仇保兴.我国的城镇化与规划调控.城市规划，2002，(9): 10～20
董明，张琴.对苏州旧城改建的若干认识.城市规划，1996，(3): 13～15
董卫.北京危旧房改造中土地使用方面的一些问题研究.建筑学报，1998，(2): 38～40
段里仁.城市交通概论.北京：北京出版社，1984
方可，章岩.从“平安大街”改造工程看北京旧城保护与发展中的几个突出问题.城市问题研究，1998，(5): 25～29
冯天瑜，何晓明，周积明著.中华文化史.上海：上海人民出版社，1990

耿宏兵. 90年代中国大城市旧城更新若干特征浅析. 城市规划，1999，(7)：13～17
关群蔚. 防护林体系建设工程和中国绿色革命. 防护林科技，1998，(4)：6～9
胡序威. 有关城市化与城镇体系规划的若干思考. 城市规划，2000，(1)：16～21
黄国平，马廷，王念. 城市水系景观评价的模糊数学方法. 中国园林，2002，(3)：16～18
黄序. 法国城市化与城乡一体化及启迪. 城市问题，1997，(5)：46～49
霍华德，埃比尼泽著，金经元译. 明日的田园城市. 北京：商务印书馆，2000
纪玉杰. 北京城郊的地面沉降成因浅析. 北京地质，1996，(3)：15～19
金经元. 当前我国城市规划与建设中值得探讨的问题. 城市规划，2001，(1)：12～15
金经元. 环境建设的"政绩"和民心. 城市规划，2002，(2)：31～35
金磊. 城市灾害学原理. 北京：气象出版社，1997
金磊. 中国城市减灾与可持续发展战略. 南宁：广西科学技术出版社，2000
李迪华，岳胜阳. 不要给历史留下遗憾：谈北京五环路建设对环境的影响. 北京规划建设，2002，(2)：21～23
李文起. 对北京市水资源可持续发展之路的思考. 水文，1997，(6)：8～13
凯文·林奇著，林庆怡等译. 城市形态. 北京：华夏出版社，2001
刘东云，周波. 景观规划的杰作——从"翡翠项圈"到英格兰地区的绿色通道规划. 中国园林，2001，(3)：59～61
刘红玉，赵志春，吕宪国. 中国湿地资源及其保护研究. 资源科学，1999，21（6)：34～37
刘慧林. 中山市的水系、绿地系统规划与可持续发展. 规划师，2002，(2)：53～56
刘阳. 北京旧城居住区改造中人工环境与人口迁居的研究. 建筑学报，1998，(2)：41～43
吕宪国，黄锡畴. 我国湿地研究进展. 地理科学，1998，18（4)：294～300
马库斯，克莱尔. 库珀和弗朗西斯，卡罗琳编著，俞孔坚，王志芳，孙鹏译. 人性场所. 北京：中国建筑工业出版社，2001
孟宪民. 湿地与全球环境变化. 地理科学，1999，19（5)：385～391
穆学明. 加强京津冀区域合作，联合制定京津冀地区规划. 北京规划建设，1994，(3)：14～16
倪岳翰. 当前北京旧城改造中的问题与机遇——丰盛北地区更新改造研究. 城市规划，1998，(4)：42～46
阮仪三. 旧城更新和历史名城保护. 城市规划，1996，(1)：8～9
阮仪三. 谈城市历史保护规划的误区. 规划师，2001，(3)：9～11
孙施文. 试析规划编制与规划实施管理的矛盾. 规划师，2001，(7)：5～8
谭英. 由居民搬迁问题引发的对北京危改方式的探讨. 建筑学报，1998，(2)：44～46
汪愚，洪家宜. 当代世界三大防护林工程简介. 国外林业，1990，(1)：45～47
王建国，高源. 谈当前我国城市广场设计的几个误区. 城市规划，2002，(1)：36～37
王如松. 高效和谐——城市生态调控原则与方法. 长沙：湖南教育出版社，1988
王瑞山、王毅勇、杨青等. 我国湿地资源现状、问题及对策. 资源科学，2000，22（1)：9～13
王志芳，孙鹏. 遗产廊道——一种新的遗产保护方法. 中国园林，2001，(5)：85～88
吴良镛. 关于物质规划的讨论——兼论中国城市规划体系的构成. 吴良镛城市规划

研究论文集，50～59，1996
吴良镛.世纪之交论中国城市规划发展.城市规划，1998，(1)：10～12
吴良镛.面对城市规划的“第三个春天”的冷静思考.城市规划，2002，(2)：9～14
吴良镛.京津冀北城乡空间发展规划研究.城市规划，2000，(12)：9～15
吴良镛.大北京地区空间发展规划遐想.北京规划建设，2001，(1)：9～13；(2)：9～12
吴良镛，毛其智，张杰.面向21世纪——中国特大城市地区持续发展的未来.城市规划，1996，(6)：22～27
西蒙兹著，俞孔坚，王志芳，孙鹏等译.景观设计学.北京：中国建筑工业出版社，2000
谢庄，王桂田.北京地区气温和降水百年变化规律的探讨.大气科学，1994，18(6)：683～690
徐国弟.1995，首都经济圈协调发展探讨——关于京津冀九城市群体发展的战略定位构想.北京规划建设，(2)：17～22
徐巨洲.理性看待中国21世纪城市发展—关于三个发展阶段的战略思考.城市规划，1998，(2)：17～21
叶舜赞.我国北方沿海地区和京津两市的发展.北京规划建设，1994，(2)：16～20
余国营.湿地研究进展与展望.世界科技研究与进展，2000，22（3)：61～66
俞孔坚，段铁武，李迪华等.景观可达性作为衡量城市绿地系统功能指标的评价方法与案例.城市规划，1999，23（8)：8～11
俞孔坚，李迪华，潮洛濛.城市生态基础设施建设的十大景观战略.规划师，2001，17（6)：9～17
俞孔坚，李迪华，段铁武.敏感地段的景观安全格局设计及地理信息系统应用——以北京香山滑雪场为例.中国园林，2001，17（1)：11～16
俞孔坚，李迪华.城乡与区域规划的景观生态模式.国外城市规划，1997，(3)：27～31
俞孔坚，庞伟.理解设计：中山歧江公园工业旧址再利用.建筑学报，2002（8)：47～52
俞孔坚，叶正，李迪华.论城市景观生态过程与格局的连续性——以中山市为例.城市规划，1998，22（4)：14～17
俞孔坚.足下的文化与野草之美——中山歧江公园设计.新建筑，2001，(5)：17～20
俞孔坚.自然风景质量评价——BIB-LCJ审美评判测量法.北京：林业大学学报，1988，10（2)：1～11
俞孔坚.系统景观美学研究——以湖泊景观为例，跨世纪规划师的思考.北京：中国建筑工业出版社，1990
俞孔坚.理想景观探源：风水与理想景观的文化意义.北京：商务印书馆，1998
俞孔坚.生物与文化基因上的图式——风水与理想景观的深层意义.台湾：田园文化出版社，1998
俞孔坚. 从世界园林专业发展的三个阶段看中国园林专业所面临的挑战和机遇.中国园林，1998（1)：17～21
俞孔坚.景观生态战略点识别方法与理论地理学的表面模型.地理学报，1998，(53)：11～20
俞孔坚.景观：文化、生态与感知.北京：科学出版社，1998
俞孔坚.生物保护的景观安全格局.生态学报，1999，19（1)：8～15

俞孔坚.谨防城市建设中的“小农意识”和“暴发户意识”.城市发展研究，1999，(4)：52～53
俞孔坚.城市水系治理之大忌.城市导报，1999，(7)：24
俞孔坚.从田园到高科技园园的涵义（之一、之二）.中国园林，2000，(8)：37～41；(4)：46～51
克莱尔.库珀.马库斯，卡罗琳.弗朗西斯编著，俞孔坚，王志芳，孙鹏译.人性场所（后序），北京：中国建筑工业出版社，2001
俞孔坚.高科技园区景观设计：从硅谷到中关村.北京：中国建筑工业出版社，2001
俞孔坚.城市公共空间设计呼唤人性场所.城市环境艺术，北京：中国建筑学会主编.沈阳：辽宁科学技术出版社，2002
俞孔坚，胡海波，李健宏.水位多变情况下的亲水生态护岸设计——中山歧江公园案例.中国园林，2002，(1)：33～36
俞孔坚，吉庆萍.国际城市美化运动之于中国的教训（上，下）.中国园林，2000，(1)：27～33；(2)：32～35
俞孔坚，李迪华，段铁武.生物多样性保护的景观规划途径.生物多样性，1998，(3)：205～212
俞孔坚，王建，张晋丰.曼陀罗的世界：西藏昌都昌庆街设计与建设.建筑学报，2002，(3)：41～45
岳升阳.惊喜绿化带建设与传统景观保护.北京规划建设，2000，(3)：17～20
张惠远，倪晋仁.城市景观生态调控的空间途径探讨.城市规划，2001，(7)：15～18
张杰.探索城市历史文化保护区的小规模改造与整治——走“有机更新”之路.城市规划，1996，(4)：14～17
张庆费.城市绿色网络及其构建框架.城市规划汇刊，2002，(1)
中国工程院.“21世纪中国可持续发展水资源战略研究”项目组.中国可持续发展水资源战略研究综合报告. 中国工程科学.2000，(8)：1～16
周干峙.城市化和历史文化名城.城市规划，2002，(4)：7～10
周干峙.城市及区域规划—— 一个典型的开放的巨系统.城市规划，2002，(2)：7～8,18
周干峙.迎接城市规划的第三个春天.城市规划，2002，(1)：9～10
周建军.从城市规划的“缺陷”与“误区”说开去.规划师，2001，(7)：11～15
周冉，何流.今日中国规划师的缺憾和误区.规划师，2001，(7)：16～18
周一星，曹广忠.改革开放20年来的中国城市化进程.城市规划,1999，23（12)：8～14
周一星，孟延春.北京的郊区化及其对策.北京：科学出版社，2000
周一星.北京的郊区化及其引发的思考.地理科学，1999，16（3)：198～206
宗跃光.城市景观生态规划中的廊道效应研究——以北京市区为例.生态学报，1999，(2)：146～150
左东启.论湿地研究与中国水利.水利水电科技进展，1999，19（1)：14～21

作者简介

俞孔坚，浙江金华人，1963年生，哈佛大学设计学博士，北京大学教授，博士生导师。1997回国创立北京大学景观规划设计中心和北京土人景观规划设计研究所。曾在美国哈佛大学，美国SWA景观规划与城市设计集团从事景观规划、城市设计研究和实践多年。在全国主持完成了多个城市的规划和景观设计。其中，西藏昌都中路步行街获中国人居环境范例奖，歧江公园获2002年度全美景观设计荣誉奖。为建设部城市规划高等教育委员会委员，北京市、青海省、山东省、杭州市、温州市等十多个省市政府城市建设的高级顾问。最新著作有《理想景观探源》(1998年，商务印书馆)，《景观：生态，文化与感知》(1998年，科学出版社)，《高科技园区景观设计》(2000年，中国建筑工业出版社)，《城市景观之路——与市长们交流》(2003年，中国建筑工业出版社)。

李迪华，北京大学讲师，生态硕士，北京大学景观规划设计中心副主任、中国生态学会城市生态学专业委员会委员兼秘书长、中国城市规划学会城市生态建设专业委员会委员。长期从事城市生态学研究、教学，竭力促进生态学在城市研究和规划设计中的实际应用，曾经在全国11个城市的环保、建设和规划部门的领导干部培训班或学位班上讲述生态学；参加和主持参加了二十多项基础研究和规划设计项目，其中重要的相关项目包括北京“十五”规划城市绿色生态环境研究，是北京市科学技术委员会可持续发展示范区研究的主要专家之一；参加完成的重要项目中，中国生物多样性国情研究获国家环境保护总局科技进步奖励二等奖。

照片中右为俞孔坚，左为李迪华。

土人景观著作系列

为促进中国景观设计学的研究与实践，北京大学景观设计学研究院与北京土人景观规划设计研究所，同中国建筑工业出版社等合作，持续出版景观设计理论、方法、设计案例及国外译著，已经和正在出版的著作包括：

俞孔坚. 景观：文化、生态与感知. 北京：科学出版社，1998,2000
俞孔坚. 景观：文化、生态与感知. 台湾：田园文化出版社，1998
俞孔坚. 理想景观探源：风水与理想景观的文化意义. 北京：商务印书馆，1998, 2000
俞孔坚. 生物与文化基因上的图式——风水与理想景观的深层意义，台湾：田园文化出版社，1998
俞孔坚等. 高科技园区景观设计——从硅谷到中关村. 北京 中国建筑工业出版社，2000
俞孔坚，庞伟等. 足下的文化与野草之美——歧江公园案例. 北京：中国建筑工业出版社，2003
俞孔坚. 设计时代—国内著名艺术设计工作室创意报告：土人景观. 石家庄：河北美术出版社，2002
俞孔坚，李迪华. 城市景观之路——与市长们交流. 北京：中国建筑工业出版社，2003
Simonds 著，俞孔坚，王志芳，孙鹏等译. 景观设计学——场地规划与设计手册. 北京：中国建筑工业出版社，2000
Marcus,C. 和 C.Francis 编著，俞孔坚，王志芳，孙鹏等译. 人性场所. 北京：中国建筑工业出版社，2001
Nines,N. 和 Brown,K. 编著，刘玉杰，吉庆萍，俞孔坚等译. 景观设计师简易手册. 北京：中国建筑工业出版社，2002
Birnnaum,C. 和 Karson,R. 编著，孟亚凡，俞孔坚等译. 美国景观设计先驱. 北京：中国建筑工业出版社，2002
俞孔坚，Davorin Gazvoda，李迪华主编. 多解规划——北京大环案例. 北京：中国建筑工业出版社，2003

图书在版编目(CIP)数据

城市景观之路——与市长们交流／俞孔坚，李迪华．
北京：中国建筑工业出版社，2003
ISBN 978-7-112-05585-2

Ⅰ.城… Ⅱ.①俞…②李… Ⅲ.城市－景观－环境
设计 Ⅳ.TU-856

中国版本图书馆 CIP 数据核字(2002)第 102044 号

策　　划：张惠珍
责任编辑：马鸿杰　杨　虹

城市景观之路
——与市长们交流
俞孔坚　李迪华

中国建筑工业出版社出版、发行(北京西郊百万庄)
各地新华书店、建筑书店经销
北京嘉泰利德公司制版
廊坊市海涛印刷有限公司印刷
开本：787×960 毫米　1/16　印张：12¾　字数：225 千字
2003 年 1 月第一版　2018 年3月第十六次印刷
定价：**38.00** 元
ISBN 978-7-112-05585-2
(11203)

本社网址：http://www.cabp.com.cn
网上书店：http://www.china-building.com.cn